电力电网系统工程与新能源开发

刘政委　王　潇　黎路杨　主编

汕头大学出版社

图书在版编目（CIP）数据

电力电网系统工程与新能源开发 / 刘政委，王潇，黎路杨主编. -- 汕头 : 汕头大学出版社，2024.1
ISBN 978-7-5658-5212-1

Ⅰ. ①电… Ⅱ. ①刘… ②王… ③黎… Ⅲ. ①电力系统－系统工程②电网－系统工程③新能源－能源开发
Ⅳ. ①TM71 ②TM727 ③TK01

中国国家版本馆 CIP 数据核字（2024）第 011148 号

电力电网系统工程与新能源开发

DIANLI DIANWANG XITONG GONGCHENG YU XINNENGYUAN KAIFA

主　　编：刘政委　王　潇　黎路杨
责任编辑：邹　峰
责任技编：黄东生
封面设计：刘梦杳
出版发行：汕头大学出版社
广东省汕头市大学路 243 号汕头大学校园内　邮政编码：515063
电　　话：0754-82904613
印　　刷：廊坊市海涛印刷有限公司
开　　本：710mm × 1000mm 1/16
印　　张：9.5
字　　数：160 千字
版　　次：2024 年 1 月第 1 版
印　　次：2024 年 4 月第 1 次印刷
定　　价：48.00 元
ISBN 978-7-5658-5212-1

编委会

前 言

PREFACE

在全面建成小康社会的大背景下，我国经济获得了飞速发展，市场化建设不断成熟，城市化建设不断完善。这些发展都离不开电力网络的支持，我国的电力系统也随着社会经济的发展同步发展和提高。电力系统本身是一个复杂庞大的系统，它涉及多个组成部分，同时分布地域辽阔。它的功能是将自然界的一次能源通过发电动力装置转化成电能，再经输电、变电和配电将电能供应到各用户。而电力系统自动化是电力系统一直以来追求的发展方向。在智能电网建设的过程中，电力系统自动化主要是涉及电网的配电环节。通过将自动化技术与现在科技中的智能化技术做出有效的结合，通过电力系统自身对电力系统运行状况做出实时监测，并报告相关数据和问题，根据系统自身的智能判断，最终做出有效的配电决策。

社会经济的飞速发展离不开电力的稳定供应，电力企业的发展离不开自身电力系统的建设。电力系统通过自动化，结合智能电网的智能化监控运行，不仅能够保证电力供应的稳定、安全和高效，还能够缩减企业相关的成本投入，促进企业自身的良性发展。

新能源的开发和利用是全球能源发展的总体趋势。随着社会经济的发展，人类社会对能源的需求只增不减，但是化石能源储量有限且不可再生。随着人类的大规模开采，化石能源短缺的矛盾日益突出，且化石能源的消耗导致生态环境受到严重破坏，造成全球气候变暖、环境公害事件频发。因此，新能源的开发与利用对调整能源系统结构、缓解世界性的能源危机、遏制全球气候变暖具有重要意义。

本书主要介绍了电力电网系统工程与新能源开发方面的基本知识，包括电网系统工程管理、电力系统自动化、新能源电力项目建设与管理、新能源源网荷储研究分析等内容。本书突出了基本概念与基本原理，作者在写作时尝试多方面知识的融会贯通，注重知识层次递进，同时注重理论与实践的结合。希望可以为广大读者提供借鉴或帮助。

由于作者水平有限，书中难免会出现错误和不足之处，敬请读者批评指正。

目　录

CONTENTS

第一章　电网系统安全管理

第一节　电网基建技经安全管理与风险管理理论

一、安全管理理论

（一）安全管理概述

安全管理是企业管理的重要组成部分，它是以安全为目的，履行有关安全工作的方针、决策、计划、组织、指挥、协调、控制等职能，合理有效地使用人力、物力、财力、时间和信息，为达到预定的安全防范而进行的各种活动的总和。

安全管理是组织实施企业安全管理规划、指导、检查和决策，同时又是保证生产处于最佳安全状态的根本环节。它是一门系统性的综合学科，是生产管理过程中的重点和核心。其主要研究对象是生产管理过程所处的环境和存在的所有的物、人的状态，对其进行控制和管理，是在变化着的生产活动中的管理，是一种动态过程。

安全管理分为技术安全管理和经济安全管理两大方面，而结合实际情况中的管理工作内容，经济安全管理一直是人们进行安全管理的重点对象。安全管理是不断发展、不断变化的，以适应变化的生产活动，消除新的危险因素，更为需要的是不间断地摸索新的规律，总结管理、控制的办法与经验，指导新的变化后的管理，从而使安全管理不断上升到新的高度。

（二）电网基建技经安全管理的内涵

随着电网工程建设技经管理的全面规范化，建设管理精益化水平的持续提高，技术安全管理已经渐渐趋于成熟，而经济安全管理越来越成为管理的重点。同时，在依法治国、依法治企的大背景下，技经安全管理（技术安全管理和经济安全管理）的重要程度正在日益加大，技经安全管理问题在当前电网的发展体系中已不容忽视。

电网基建技经安全管理正是在以上背景下，把安全管理的思想从生产安全管理引入电网基本建设的经济安全管理中来。根据电网企业自身特点，其内涵表述如下：

电网基建技经安全管理是指依据国家有关法律、法规和行政主管部门的有关规定，在电网建设工程投资和涉及资金业务方面，以合同管理为前提，以全过程分阶段预防性管理办法为主线，以事前控制为重点，以风险控制为手段进行技经管理，来实现正确地做出投资决策、合理确定工程造价、有效控制建设成本、切实保障资金安全目标所开展的管理活动的总称。

（三）电网基建技经安全管理内容

在电网基本建设过程中，技经安全管理是贯穿建设活动全过程的安全管理，主要以建设过程的五个阶段进行管理阶段的划分。电网基建技经安全管理包括以下五个方面的内容：可行性研究阶段安全管理、初步设计阶段安全管理、招投标阶段安全管理、工程实施阶段安全管理以及工程结算阶段安全管理。

1.可行性研究阶段安全管理

可行性研究阶段安全管理主要围绕可行性研究报告及相关审批工作开展。技经安全管理的重点是审核投资估算是否根据可行性研究报告的内容编制，审查估算编制的主要原则和依据，采用的定额、指标以及主要设备、材料价格、来源等是否符合相应的造价管理规定，造价是否合理，是否达到规定的内容和深度要求。

2.初步设计阶段安全管理

初步设计阶段安全管理主要围绕初步设计方案及相关审批工作开展。技经安全管理的重点是审核初步设计概算是否根据初步设计方案的内容编制，审查工程主要材料用量、工程量计算、概算定额选用、取费标准等概算编制依据的合理性，审查计价定额、费用定额、价格指数和有关的人工、材料、机械台班单价、费用项目、其他费用是否符合造价管理规定。

3.招投标阶段安全管理

招投标阶段管理主要围绕招标文件及招标程序的规范性工作开展。技经安全管理的重点是审查招标文件内容的合规、合法性，对采用工程量清单模式招标的工程，检查工程量清单、拦标价的编制是否符合规定。

4.工程实施阶段安全管理

工程实施阶段管理主要围绕工程预付款、进度款支付，设计变更及签证管理和建设场地征用及清理费管理工作开展。技经安全管理的重点是控制工程实施的过程中预付款和进度款支付管理的规范性；设计变更及签证造价合理、准确、及时；建设场地征用及清理费使用依法合规，赔偿资料真实、完整、充分，赔偿流程规范。

5.结算阶段安全管理

结算阶段安全管理主要围绕规范结算金额等工作开展。技经安全管理的重点是分析评价工程是否按合同约定的方式结算，核实竣工结算工程量的准确性，核实竣工结算内容与竣工图及施工现场是否一致，特别要检查工程建设场地费用赔偿协议、单据和付款凭证的规范性，并核实现场真实情况。

（四）电网基建技经安全管理的目标

构建基建技经安全管理体系是全面贯彻“安全第一、预防为主、综合治理”的安全生产方针，落实《中华人民共和国安全生产法》《建设工程安全生产管理条例》等有关安全生产的法律、法规和标准，适应国家电网公司“大建设”体系建设和公司安全工作要求，扎实推进依法依规建设电网的具体有力措施。

电网基建技经安全管理应以依法治国的宏观形势和国家电网公司依法治企工作要求为指导，以“省—市—县”三级管理层级为框架，以工程全过程管理为依托，以责任主体评价指标为准绳，以强化关键流程控制为支撑，建立全面完善的电网基建技经安全体系，实现电网基础建设依法合规，实现技经管理流程标准化，实现投资控制率合理化，提高技经安全抗风险能力，提高技经决策支撑作用，提高建设管理精益化水平，即达到“三实三提”的目的。

电网基建技经安全管理目标具体概括为以下六方面内容：

1.实现扎实推进依法依规建设电网

依法依规从严治企是一项长期而艰巨的任务，要高度重视工程建设领域依法治企工作。省电力公司通过建立各层级的技经安全体系，明确各专业管理责任，完善管控机制，强化过程管控，涵盖技经安全各类风险点，合理地使用人力、物力、财力，有效避免财务风险、审计风险，达到从源头上遏制工程建设领域的腐败问题，为企业健康发展和廉政建设产生积极作用。

2.实现技经管理流程标准化

建立技经安全体系，首先要收集现有管理体系制度和方法，并加以补充完善，进而建立从目标、过程到监督反馈的一整套技经安全管理程序。不仅要研究电力工程技术经济专业的发展方向，还要进一步提高技术经济专业的科学性和准确性，这一系列的研究落实到管理流程上，就是要融合多管理要素构建标准流程体系：一是制度、技术标准与流程的融合，二是绩效考核与流程的融合，三是风险控制与流程的融合，前瞻性地、可操作性地实现技经安全管理的标准化。

因此，构建技经安全体系是公司基建技经管理标准化建设的坚强依托，是全面提升造价管理工作水平和效率的坚强后盾，是拓展技经安全基础理论研究的可靠平台。

3.实现投资控制合理化

电网建设工程是一项技术管理和资金应用密集型的项目，每年输变电工程建设投资数额巨大，而工程技经安全管理的好坏对电网建设项目投资的影响十分显著，需要在电网建设项目的管理体制、管理流程以及管理评价等方面开展深入研究。

因此，技经安全体系注重从投资控制的角度进行控制效果的研究，剖析影响投资控制合理化的要素，发现电网基建工程投资管理上的薄弱环节，并针对该薄弱环节进行整理，促进工程投资管理的完善，增加工程建设的经济效益和社会效益。

4.提高技经安全风险应对能力

电网工程建设过程中存在多种形式的安全风险，这些风险制约着工程顺利实施。因此，我们要加强基建工程技经管理，保障电网建设稳步进行。可以说，构建技经安全体系的一个主要目的就是确保公司基建工程技经安全管理零风险。

因此，我们要在技经安全体系中针对工程建设各个环节总结提炼风险点，制定风险应对措施，落实安全责任制，采取相应安全技术措施，从而提高技经安全风险应对能力。

5.提高技经安全决策的支撑作用

技经安全体系是业务流程贯通统一的基建技经管理体系，涵盖输变电工程的建设全过程。其要求我们规范技经安全评审管理，加强工程质量管控，严格实施输变电工程造价控制线，加强技术方案比选，合理控制工程造价，同时注重分析影响技经安全的主要因素，追根溯源，发现问题，为公司提供管理思路，从而逐步发挥技经决策的支撑作用。

因此，构建技经安全体系将为公司投资策略选择、技术和工程科学决策提供坚强支撑。

6.持续提高建设管理精益化水平

目前针对工程建设技经管理工作，国家、公司出于重要性发布了多项计价规范和规章制度，但制度的执行上缺少量化的标准和关联的方法，在各环节的评价过程中缺少客观的依据。

二、风险管理理论

（一）风险的定义及其特征

1.风险的定义

关于风险的定义有多种，但最基本的表述是：在给定情况下和特定时间内，预期目标与那些可能发生的结果之间的差异，差异越大则风险越大，强调了结果的差异；另外一个具有代表性的定义是：损失的不确定性，强调不利事件发生的不确定性；还有一些风险管理专家将风险定义为：所有影响事件目标实现的不确定因素的集合。

一般来说，风险具备下列要素：

（1）事件（不希望发生的变化）。

（2）事件发生的概率（事件发生具有不确定性）。

（3）事件的影响（后果，即有损失或收益与之相联系）。

2.风险的特征

根据风险定义及风险具备的要素，可知风险具有如下几方面的特征：

（1）风险的不确定性。风险事件的发生及其后果都具有不确定性。表现在风险事件是否发生、何时发生、发生之后会造成什么样的后果等均是不确定的。

（2）风险的相对性。风险总是相对于事件的主体而言的。同样的不确定事件对不同的主体有不同的影响。人们对于风险事件都有一定的承受能力，但是这种能力因活动、人、时间而异。

（3）风险的可变性。在一定条件下，风险总是会发展变化的。风险事件也不例外，当引起风险的因素发生变化时，必然会导致风险的变化。风险的可变性表现在风险性质的变化、风险后果的变化、出现了新的风险或风险因素已经消除。

（5）可控性。个别风险的发生是偶然的、不可预知的，但通过对大量风险进行观察会发现，风险往往呈现明显的规律性。根据以往大量资料，利用概率论和数理统计的方法可测算风险事故发生的概率及其损失程度，并且可构造出损失分布的模型，成为风险识别、风险分析的基础。

（二）风险管理的流程及基本方法

在对风险有了一定认识之后，根据风险的定义与特征为依据，便可从方法、人员组织、时间周期等方面着手制订整个风险管理计划，以达到隔离风险、尽可能消除风险的目标。同时为整套计划提供行动指南，方便风险管理具体工作的开展。

风险管理就是当事人通过风险识别、风险估计、风险评价、风险应对和风险监控，对可能遇到的风险合理地使用各种风险应对措施、管理方法、技术手段进行有效的控制，尽量减少风险带来的负面影响，以最低的成本获得最大安全保障的决策及行动过程。

1.风险识别

风险源的识别是风险管理一切工作的起点和基础，其任务是通过一定的方法和手段，尽可能地找出潜在显著影响成果的风险源。风险识别有很多成熟的方法，常用的方法可以分成两大类，即分析法和专家调查法。

2.风险估计

在风险识别和初步分类之后，下一步就是要对风险进行估计。风险估计就是估计风险的性质，估算风险事件发生的概率及其后果的大小，以减少项目计量的不确定性。

风险估计应考虑两个方面：①风险事件发生的概率。风险事件发生可能性的大小用概率来表示。这是风险分析估计当中最为重要的一项工作，也是最困难的一项工作。一般来讲，风险事件的概率分布应该根据风险管理决策者的经验，结合相关历史资料进行判断。②风险事件后果严重程度的估计。这是风险估计的第二项任务，即风险事件可能带来的损失大小。

对风险进行概率估计的方法有两种：一种是利用历史统计资料确定风险概率分布的客观概率估计法，一种是主观确定风险概率的主观概率估计法。

3.风险评价

风险评价就是综合衡量风险对实现既定目标的影响程度。风险估计只对管理各阶段单个风险分别进行估计量化，而风险评价则考虑所有风险综合起来的整体风险以及对风险的承受能力。

在风险评价方法中，应处理好定性分析与定量分析的关系。定量分析大都采用仿真方法，但它也有不足之处：首先是存在基础数据不足的难题，其次是不易求解。定性与定量结合是一种比较好的方法。现行的风险评价方法很多，主要有层次分析法（Analytic Hierarchy Process，AHP）、主观评分、蒙特卡罗模拟、网络计划技术、风险图等几种方法。

4.风险应对

风险应对是针对管理过程的定量风险分析结果，为降低风险的负面效应制定风险应对策略和技术手段的过程。风险应对计划依据风险管理计划、风险排序、风险认知等，得出风险对应计划、剩余风险、次要风险、合同协议以及为其他过程提供的依据。

风险应对可从改变风险后果的性质、风险发生的概率和风险后果大小三个方面提出多种策略。概括起来有风险预防、风险缓解、风险转移、风险自留和风险利用五种方法，每一种都有其侧重点。

5.风险监控

风险监控就是对风险管理过程中的风险的监视和控制。风险监控就是在风险事件发生时实施风险管理计划中预定的应对措施。另外，当情况发生变化时，要重新进行风险分析，并制定新的应对措施。风险监控应是一个实时的、连续的过程。

风险监控的主要方法有核对表法、定期评估法、挣值分析法、附加风险应对计划法等。

第二节　电网基建技经安全管理组织与组织结构设计

一、电网基建技经安全管理组织层级结构设计

包括省公司、市公司、县公司三个层级。在当前国家强调依法治企、科学发展的形势下，构建省、市、县三级基建技经安全管理体系符合“三集五大”的大建设体系设置，为提高技经安全管理的规范性和可操作性提供了有效途径。

1.省级层面

成立省公司基建技经安全管理委员会，主任由省公司分管基建副总经理担任，基建副总工程师担任副主任，成员包括建设部、发展策划部、财务资产部、审计部、经济法律部、物资部等部门的负责人。省公司基建技经安全管理委员会办公室设在建设部。

省公司基建技经安全管理委员会负责贯彻落实国家有关基建技经安全的法律、法规、标准及国家电网公司相关管理要求，确定公司基建技经安全管理目标，制定完善的相关规章制度，研究解决基建技经安全重大问题。省经研院发挥电网发展的规划、设计、评审、咨询等相关职能，为省公司的技经安全管理工作提供全面支撑和服务。

省公司建设部主要负责对市、县层基建技经安全监督管理，经研院配合省公司建设部开展监督工作，负责指导下级单位建立基建技经安全管理体系、监督体系有效运转。

省公司基建技经安全管理目标：不发生影响省公司形象或较大经济损失的基建技经安全管理事件。

2.市级层面

各市公司成立基建技经安全管理委员会，落实本单位基建技经安全管理目标，行政正职任基建技经安全管理委员会主任。

各市公司基建技经安全管理委员会负责贯彻落实国家有关基建技经安全的法

律、法规、标准及上级单位相关管理要求，细化本单位基建技经安全管理目标，健全技经安全保证和监督体系，围绕基建技经安全目标，完善基建、发策、财务、审计等规章，制定工程建设全过程技经安全管理制度，研究解决基建技经安全相关问题。

市公司建设部负责本单位、县公司及相关施工、设计单位和所辖工程参建各方的基建技经安全监督管理，市经研所配合建设部开展监督工作，指导并监督县公司体系建立及有效运转。

市公司基建技经安全管理目标："八不"——不发生工程结算超工程批复概算的事件，不发生审批手续不完整、不及时的工程变更事件，不发生无初步设计（预）评审意见开展施工招标的事件，不发生分包队伍选择、合同、结算不规范的事件，不发生建设场地征用及清理费与实际不符、与财务支付凭证不一致的事件，不发生竣工图内容不全、与实际不符的事件，不发生结算审核报告和结算监督报告不齐全的事件，不发生工程未竣工完成结算的事件。

3.县级层面

各县公司成立基建技经安全管理委员会，落实本单位基建技经安全管理目标，行政正职任基建技经安全管理委员会主任。

负责贯彻落实国家有关基建技经安全的法律、法规、标准及上级单位相关管理要求，细化本单位基建技经安全管理目标，围绕基建技经安全目标，制定完善的基建、财务、审计等规章制度，研究解决基建技经安全相关问题，落实与基建相关的项目前期、属地协调全方位工作要求。

县公司发展建设部负责本单位及县属施工企业的基建技经安全监督管理，监督县属施工企业建立基建技经安全管理体系，加强施工过程管控；落实属地责任，保证建场费支付凭证真实准确。

县公司基建技经安全管理目标：不发生建设场地与实际不符、与财务支付凭证不一致的事件。

二、电网基建技经安全管理组织部门结构设计

电网基建技经安全管理组织结构包括工程建设涉及的建设部、物资部、发展策划部、审计部、财务资产部、经济法律部等相关专业部门，以及施工、设计、监理、造价咨询企业。每个部门为了共同的目标发挥职能、协同合作，在各个环

节把控工程建设投资风险，合力将技经安全风险降至最低。

建设部具体负责基建技经安全管理的日常工作，督促各单位落实公司基建技经安全管理要求，负责基建工程初步设计、施工招标、工程建设、竣工结算等各阶段技经安全管理工作，组织开展基建技经安全监督、检查、评价、考核等工作。

物资部负责监督各级物资供应部门按时完成工程物资费用结算，及时提供规范的招投标资料、合同凭证、设备台账、材料明细等结算资料。

发展策划部负责基建工程前期可研阶段技经安全管理工作，规范前期可研费用的使用，充分考虑基建工程建设中可能出现的各种情况，保证项目前期进度和可研深度，确保技经安全。

审计部负责并监督各单位审计部门做好基建工程结算的审计工作，确保工程各项费用支出及决算合规、合法。

财务资产部负责监督各单位财务部门的工程决算工作，审核财务管理是否规范、入账手续是否完备、金额是否准确、工程竣工决算是否完整。

经济法律部负责审核基建工程招标文件、合同等文件的合法性，指导各集体企业技经安全管理工作。

施工单位应对现场工程量的真实准确性负责，严格执行合同条款，办理预付款、进度款、结算款的支付申请，必须提供实物工程量清单及预算，加强分包队伍技经管理，依据分包合同进行过程控制及费用结算，严禁“以包代管”。

设计单位应确保概算中费用计列依据充分，保证工程量清单和拦标价的准确性，保证图纸量与现场工程量一致，严格核实、测算建设过程中的设计变更及签证。

监理单位应进行现场工程计量、工程款支付审核、工程变更费用与赔偿费用审核，对现场发生的工程量及费用真实准确性负责，工程结算时须配合建管单位开展竣工结算工作。

造价咨询单位应审核工程量清单的准确性和完整性，审查量、价是否符合清单计价规范要求，严格审核施工结算费用的计价是否合理、依据是否充分，确保结算资金合法合规。

第三节　电网基建各阶段技经安全管理

一、电网基建初步设计阶段技经安全管理

（一）项目法人单位技经安全管理职责

省级公司的技经安全管理是初步设计阶段技经安全管理的核心部分，它贯穿整个项目的各个阶段，对整个项目起着统领全局的作用。明确省级公司的工作职责并认真履行其职责，是使整个项目正常进行的基础，下面具体论述省级公司的工作职责。

（1）贯彻落实国家电网公司初步设计评审工作的有关要求，负责所辖业务范围内输变电工程初步设计评审工作的管理。

（2）配合开展初步设计评审计划管理工作，制订所辖工程初步设计评审计划。

（3）负责所辖35～220千伏规模工程的初步设计评审和批复。

（4）负责所辖35～220千伏规模工程的评审单位选择与监督评价。

（5）配合开展220千伏规模及以上输变电工程的初步设计评审。

（6）公司各级单位发展、财务、运检、调控、科技、信息、安监等部门参与工程初步设计评审，并提出专业意见。

（二）评审单位技经安全管理职责

省经研院负责220千伏规模及以上电网项目的初步设计内审，负责对35～110千伏电网项目的初步设计评审并出具评审意见。

1.220千伏规模及以上电网项目

（1）省经研院参与由省级公司建设部组织的220千伏规模及以上电网项目初步设计内审工作，并出具内审意见。

（2）省经研院参加国网经研院组织的初设评审会议。

2.35～110千伏电网项目

省经研院组织省级公司建设部、运维检修部、调度控制中心、地市公司、市经研所设计单位对35～110千伏电网项目初步设计进行评审，负责出具初步设计评审意见并上报省级公司建设部。

（三）建设管理单位技经安全管理职责

建设管理单位是项目的具体实施者，该单位技经安全管理的好坏直接关系到项目的质量和造价。为了对项目进行合理有效的技经安全管理，首先要明确建设管理单位的职责：

（1）贯彻落实省级公司初步设计评审工作的有关要求，负责所辖业务范围内输变电工程初步设计内审工作的管理。

（2）配合开展初步设计内审计划管理工作，制订并申报所辖工程初步设计评审计划。

（3）配合开展35千伏规模及以上输变电工程的初步设计评审。

（四）设计单位技经安全管理职责

初步设计阶段，设计单位以批准的可研方案为依据，确定初步设计方案，细化落实各项费用，确保初步设计概算编制合理，确保初步设计概算不超批准的投资估算。

二、电网基建招投标阶段技经安全管理

（一）项目法人单位技经安全管理职责

项目法人单位在电网基建技经安全管理中的职责主要有以下五点：

（1）执行公司统一的招标采购目录，编制上报本单位招标计划。

（2）配合国网总部实施的集中招标工作。

（3）组织实施纳入省级电网公司集中招标项目的招标工作，委托招标代理机构具体组织发标、开标、评标、公告、发出中标通知书。

（4）省级电网公司建设部编制招标文件合同专用条款，执行技经安全管理

要求，通过激励考核条款将技经安全管理责任具体落实。

（5）委托具备审查资质的审查单位对施工工程量清单、最高限价进行审查。

（二）评审单位技经安全管理职责

评审单位技经安全管理是指造价咨询单位接受建设管理单位的委托，对编制完的施工招标清单及最高限价进行审查，确保清单及最高限价编制准确无误，保证招投标工作顺利进行。为使评审单位做到合理高效的技经安全管理，避免资金不安全现象，评审单位应明确自身职责、管理流程和工作方法，并实行严格的监督考核，以保证评审单位的技经安全管理工作到位、高效。

为了以合理的评审深度在规定时间内完成评审，评审单位应明确其职责：造价咨询单位按照建设管理单位委托对编制完的清单及最高限价进行审查，并出具审查意见，确保清单及最高限价编制无误，确保招投标工作顺利进行。

（三）建设管理单位技经安全管理职责

国家和国网公司建设管理要求日益规范，建设管理单位已经认识到招投标阶段对工程实施阶段造价控制起着至关重要的作用，因此，建管单位将深入学习规范，了解工程政策法规，严格按照工程合同规范建设管理行为，合理进行工程费用管控，实现技经安全管理。

建设管理单位是电网基建工程项目的直接实施者，为实现有效的技经安全管理，建设管理单位首先必须明确自身的四项职责：

（1）编制并审核本单位招标申请及招标技术文件，参加招标采购文件审查会。

（2）对本单位招标采购项目的技术文件按照审查意见进行修改和确认。

（3）负责对招标采购文件技术需澄清内容进行答复。

（4）按照中标通知书、招标文件及时准确签订合同。

（四）设计单位技经安全管理职责

招标投标阶段，设计单位应保证根据批准的初步设计概算、施工图预算、工程量清单计价规范及时准确地编制工程量清单和最高限价。一方面保证工程量准确，另一方面确保最高限价（特别是建设场地清理工程量及费用）真实准确。

（五）施工单位技经安全管理职责

施工单位技经安全管理的职责主要是根据国家招投标法律、国家电网公司招标相关规定，编制投标文件，完成施工投标。

三、电网基建工程实施阶段技经安全管理

（一）项目法人单位技经安全管理职责

贯彻落实国网公司输变电工程设计变更与现场签证管理有关要求，负责所辖范围内输变电工程设计变更与现场签证管理。

重大设计变更是指改变了初步设计批复的设计方案、主要设备选型、工程规模、建设标准等原则意见，或单项设计变更投资增减额超过20万元的设计变更；一般设计变更是指除重大设计变更以外的设计变更。

重大签证是指单项签证投资增减额超过10万元的签证，一般签证是指除重大签证以外的签证。

负责向国网基建部上报符合如下条款的重大设计变更。

（1）造成总投资突破公司批复的工程初步设计概算。

（2）公司批复的工程初步设计，其站区布置、接线方式、主要设备选型以及线路路径走向、线路回路数、线路导线（电缆）截面等原则意见改变。

（3）负责审批本职责第（1）款以外的重大设计变更。

（4）负责审批重大签证。

（二）建管单位技经安全管理职责

（1）审核由业主项目部上报的月度资金计划。

（2）审核业主项目部上报的“费用报销发票校验审批单”。

（3）按合同约定支付预付款、进度款、监理费、勘察设计费。

（4）负责所辖范围内输变电工程设计变更与现场签证的日常管理，负责审核重大设计变更与重大签证，并上报省级电网公司。

（5）建管单位是建设场地征用及清理赔偿工作的责任主体。与各参建单位共同参加开工前的现场调查，参与并监督施工现场的赔偿管理工作，确保赔偿资金使用的合规、合理和准确性。

（6）负责建设场地征用及清理费用的审核，将相关的所有赔偿资料上报项目法人单位。完成费用拨付和文件资料归档工作。

（三）造价咨询单位技经安全管理职责

造价咨询单位依据省级电网公司技经安全管理要求，加强施工过程技经管控，具体负责对施工过程中发生的建设场地征用及清理费暂列金额和厂矿、房屋等大额赔偿内容，以及对重大设计变更和现场签证进行现场核实、审核资料并签署意见。

（四）设计单位技经安全管理职责

工程实施阶段，设计单位应保证及时准确地提供施工图纸，并保证将最新的验收规范、安全要求纳入工程设计，减少变更签证。

（五）施工单位技经安全管理职责

（1）落实施工过程技经安全责任，加强技经安全管理，严格审核施工过程中各项费用支出，合理控制造价，保证资金安全。

（2）执行公司分包管理办法，规范选择分包队伍，留存分包比选资料，及时签订分包合同，审核分包签证。

（3）依法合规地开展建设场地征用及清理赔偿工作。

（4）严格执行设计变更，真实有效地办理签证。

（5）及时申请工程预付款、进度款。

（六）监理单位技经安全管理职责

（1）依据承包合同约定进行工程预付款审核和签认。

（2）按相关规范要求进行工程计量和工程进度款支付的审核签认工作。

（3）负责审核设计变更与现场签证，落实设计变更与现场签证的实施，组织旁站、验收等工作。

（4）按国网公司及省公司相关文件要求，参与现场的建设场地征用及清理赔偿管理工作。

第二章　电力系统自动化

第一节　基于PLC的电力系统自动化设计

一、PLC技术概述分析

PLC（Programmable Logic Controller）技术属于电子信息技术与计算机技术相互融合的产物之一，也属于互联网信息技术高度发展的研究成果之一。

（一）PLC自动化基本工作原理

PLC自动化技术其实就是充分利用计算机当中所编制的相应程序对机械设备运行过程进行有效的控制，其实也就是数字化操控设备当中的一种。和以往传统的电气自动化控制系统相比较而言，这种技术在实际应用过程中所需要的接线数量更少，而且各条线路可以利用不同的软件进行连接，同时还具有很好的抗干扰性能，日后的维护保养过程也更加方便，除此之外，在开始应用之前就对各项操作流程设置好命令，在后期运行过程中不需要调节。PLC自动化控制系统主要包含性能分区、通信分区、处理设备、输入输出接口、储存设备以及电源几个部分，在这些内容当中，存储设备的主要责任是对运行程序进行编辑，这样就可以对各项运行数据进行保存，同时还可以执行一些简单的操作命令；处理设备的主要作用是对系统相关信息进行有效的采集，从而更好地保证整个系统的安全稳定运行；电源掌控着整个系统的正常运行；输入和输出接口主要负责为各个部分的运行提供便捷的传送服务。PLC自动化控制系统可以更好地保证整个系统的安全稳定运行，不断提高产品的品质，提升生产效率和生产质量，为企业创造更大的经济效益和社会效益。

（二）PLC技术的优势分析

（1）科技进步带动着当前各行各业的发展，传统的电气自动化控制在生产效率和劳动成本上都满足不了现代的需求，为了实现工业发展，就要实现PLC技术和PLC自动化控制系统的优化，只有这样才能实现发展，突破效率。

（2）社会发展需要计算机和信息技术的进步，任何行业的发展都是循序渐进的过程，为了能够在竞争对手面前脱颖而出，就要坚持可持续发展，走在当前科学技术的前端，完善设备和系统的应用。

（3）PLC技术和PLC自动化控制系统是一个发展的过程，从PLC技术上来说，它是可操控和编程的控制器，也是计算机的演变，在比较特殊的情况下，可以实现多种设备的利用，在内部存储设备上可以通过人为的编程来进行控制，也可以执行操作。

（4）在技术要领上，PLC自动化控制系统是当前工业领域发展得最先进的技术核心，它是比较全面的控制器，在劳动力上减少了不必要的劳动成本，同时还通过计算机远程控制有效地保证了操作人员的安全，在技术要领上可以设计工业需要的软件程序，在计算机的协助下能够通过3D模型来实现使用的重要价值。

（三）PLC自动化控制系统的优化设计

PLC自动化系统安装过程中会涉及一定的软件和硬件，在具体的设计过程中需要注意到，该系统直接关系着电流是否可以正常输入和输出。在输入电流设计过程中，对输入电压也有着非常严格的要求，一般情况下都应该控制在240V之内，应用范围非常广泛，但是很容易受到外界各种因素的影响，所以应该安装电源精华装备。对于这个问题，应该充分结合自动化控制系统对隔离变压器进行最为科学合理的设计。在对系统安装过程中总是会出现电压和电流过高现象，这就需要对其进行有效控制，并对PLC自动化控制系统的安装过程进行详细的检查，最大程度地发挥出系统的自动化作用。模块化程序设计通常情况下是“总—分—总”结构，最后进行汇编总结。PLC自动化控制系统大多数生产设备采用模块化设计方式，不同的模块需要进行不同的设计，而且各个模块之间又存在非常紧密的联系，设计和修改过程都相对比较方便。设计好之后有时候还需要进行一定的调试，工作人员应该充分结合系统的实际需求对电路的输出和电源进行适当的调整，从而实现对整个系统的合理控制。当然，在具体调试过程中，应针对不同的程序采取不同的调试和控制措施。除此之外，还应做好对PLC自动化系统的防护措施。在具体安装过程中，相关工作人员应对整个安装操作进行认真检查，并留出足够的时间让工作人员对机械设备进行调试和检查，从而更好地保证整个系统的正常运行。

（四）PLC自动化控制优化设计的发展和研究

1.PLC自动化控制的硬件优化发展

在针对PLC技术以及相关控制体系的自动化功能进行优化时，需要做好硬件层面的优化与创新。具体体现在围绕电路所展开的输入、输出和抗干扰三个方面，在完善性的硬件设施支撑下，提高内部体系自动化服务功能。首先，需要从输入电路角度对硬件设施进行优化。PLC的输入电压一般具有固定的范围值要求，如果超出这个范围值，那么就会存在一定的风险隐患。所以，为了保证内部体系能够正常运行，必须对输入电路进行合理控制；为避免外界干扰，可以合理引进抗干扰装置，以保证电压范围值符合标准；同时，我们在围绕输入电路进行优化的过程中，要对功率、负荷值等各项参数进行明确与统一。考虑上述指标和综合因素，对内部体系的输入环节电路结构进行优化设计。在输入过程中，需要适当对保护装置进行加密操作与处理，从而能够保证基于PLC技术所构建的体系在执行自动化内控功能时所呈现的运行环境更加安全，各项系统功能也能够正常发挥，进而实现短、断路等风险的规避，最大限度地保证内控体系运行安全，对于工业行业来讲，能够实现成本的控制以及效益的提高。其次，要从输出角度对电路进行优化。在针对PLC技术相应的内控体系进行优化管理时，我们需要将管理重点集中在输出电路方面，围绕电路输出做好优化设计。根据输入环节系统要求，相对应地调整输出环节电路设置，对输出环节的频率、晶体管状体等参数进行优化。

2.PLC自动化控制系统的软件设计

在围绕PLC技术以及相关控制体系进行优化操作时，不仅需要对硬件方面进行优化，还需要做好软件层面的优化设计，只有从硬件和软件两个方面双管齐下，才能够保证系统功能科学化、合理化，以及创新性优化设计。

首先，需要对软件优化方案进行合理制定。在该环节，需要参考硬件优化方案，设置协调性、执行性较强的优化方案。在软件设计之初，要明确工作职能，即对图形方式进行转化，具体体现在由流程图到梯形图的变化过程。

其次，需要综合考虑PLC内控体系，合理借助计算机进行编程操作。深入分析内部系统在运行方面存在的参数误差和指令错误，通过编程分析得出误差和错误的具体位置以及形成的原因。同时，借助于相关的技术手段，对软件设施体系进行创优处理，保证内控体系内部控制和系统运行功能更加全面。

最后，要对编程类型以及具体的编程方式进行明确与优化。在具体编程过程中，所涉及类型具体体现在两个方面，即基础编程和模块编程。在针对PLC内部体系进行编程优化设计时，要根据操作要求在特定时期选择合适的编程方法，从而实现内控体系的完善，使工业行业发展环境实现安全化、自动化以及高效化发展。

（五）PLC自动化控制应用

现如今，PLC技术已经逐渐成为应用范围较为广泛的自动化控制技术之一，主要应用于电力系统自动化领域，或者工业产品生产制造环节。由于PLC技术属于一种较为现代化的计算机控制技术以及信息集成技术，因此，在实际应用环节中，相关控制设备会向中央处理器源源不断地传输重要数据以及相关信息，以便工作人员及时结合各类重要数据，快速判断相应控制设备的直接运行情况，及时优化电力系统自动化研究的具体流程。从另一角度分析，应用PLC技术可以进一步提升工业制造的实际生产效率，也可以进一步提升相关工业制造产品以及机械设备的质量。与传统控制技术以及半自动化控制技术相比，PLC技术以及与之相关的PLC控制技术应用系统，主要要求相关技术操作人员在技术应用环节之中充分整合相关数据，随后及时结合数据的变化情况，快速研究全息控制系统的整体运行方式，随后在第一时间得出相应数据的实际分析结果以及检验结果，通过反复多次的数字运算以及自动化数字运转、传输，进一步凸显相关重要数据的真实性、可靠性与科学性。这就意味着，应用PLC技术可以对相应数字以及各种信息进行高效处理，也可以帮助工作人员快速划分重要数据，将多元化数据划分成不同层次以及不同档次，随后统一录入计算机系统内部。此后，则需要工作人员认真分析计算机系统内部各类重要数据的排列组合形式以及保存形式，逐步分析PLC控制技术的实际应用领域、应用范围，进一步建立健全较为全面化的PLC控制技术应用体系，逐步制定较为现代化的技术应用准则与相关工作规范。

二、基于PLC的电力系统自动化设计

（一）硬件设计

1.互感器的设计

在现实生活中，大部分供电线路内里的电流、电压本身存在较大区别。为保证仪表测量环节工作的完成质量，设计人员应该采取措施，将两者有效统一。具体表现为：通过调查可以获知，很多线路内的电压数值偏高，且存在较大的危险性。在这一条件下，设计人员应该做好互感器方面的设计，合理借助电气隔离、互感器优势优化设计。

2.控制面板的设计

在电力系统自动化设计期间，设计人员会借助PLC进行设计。在这一过程中，设计人员需要做好硬件方面设计，以保证自动化系统的整体设计质量。对此，设计人员需正确看待、认真做好控制面板方面的设计，确保工作人员能在日后工作中借助面板功能完成工作。在设计控制面板的功能时，设计人员应该做好显示状态等方面设计。与此同时，设计人员还要做好外壳内部方面的设计，确保按钮、电容器等均能被正确安装。

3.模块分析

在硬件部分设计过程中，设计人员应该做好模块分析工作，并在充分了解模块之间相同点、不同点的前提下展开设计工作。中央处理器模块在设计期间占据重要位置，且能够发挥微调核心的应用效果。基于这一情况，设计人员应该采取措施，有效辨别、调节精密度偏高的模拟量。在这一过程中，设计人员需要注意电压的输入、输出情况，并以此为参考开展相关工作。为有效扫描、检查现场信息，正确判断目标电路的内部是否存在问题，设计人员还应该合理利用PLC优化设计。在这一过程中，其存储作用将得到有效利用，设计人员可以借助PLC完成存储方面的设计任务。

（二）PLC技术在电力系统闭环控制的应用

闭环控制是指电力自动化系统在运行过程中对电力设备的温度、电流、压力等进行控制。因此，将PLC技术与电力自动化系统相结合，对电力信号进行分压、整流等处理，形成相对标准的电力系统，经A/D转换分析后传输信号。闭环控制系统主要通过电流互感器采集电力设备信号，隔离信号，满足电力信号标准化的要求。然后，通过PLC仿真，识别电力设备单元组件的内部数据，利用组态软件实现数据的转换、处理和分析，从而最大限度地提高系统的安全性、可靠性，降低运行成本。此外，在上级PLC单元数据信息系统进行有效控制后，与继电器和接触器的有效配合可以保证整个闭环控制系统的有效运行。

（三）软件设计

1.PLC编程器

在软件设计期间，设计人员应该联系现实情况，做好PLC编程器方面的设计。对此，设计人员需要研究、了解其他类型的编程器，并借此设计PLC编程器。以Fx-10P-E这一编程器为例，设计人员在设计PLC编程器时，借助上述编程器内在优势完善设计，能使目标PLC编程器的内部程序更加理想。在这一工作背景下，设计人员还能实时观察PLC的情况，并借此优化、改进监视程序。

2.A/D转换

在软件设计期间，设计人员需要做好A/D转换方面的设计。在这一环节，设计人员需要明确A/D转换部分的输入点组成情况，充分利用10格、11格的输入点做好相关设计工作。除此之外，设计人员还需要合理利用开关、按钮优化设计。经实践发现，设计人员根据具体情况，选用不同的开关、按钮，并借此完成A/D转换方向设计，设计工作完成效果十分理想。

3.投切角度

在应用PLC开展电力系统自动化设计工作的过程中，设计人员还应该做好投切这方面的设计工作。设计期间，设计人员需要基于现实情况，合理划分电力系统的电压。这就要求设计人员以固定、合理的顺序开展工作，并在顺利来到电压设备内后，遵循相关调压工作要求开展工作，以有效控制、调节电压数值。在这一过程中，设计人员应该特别注意变压器内部曲线情况。一旦曲线与标准值不同且超出时，设计人员应该在保证偏移量的前提下，去调整、确定变压器相关指令。目前，设计人员已然能熟练完成上述工作，电压使用效果明显改善，投切的设计也顺利完成。

三、基于PLC技术在电力系统中的自动化设计应用策略

（一）PLC技术在开关量控制系统中的应用

传统的PLC技术在开关控制中，主要使用电磁性继电器来实现对开关量的控制，这种控制体系效果较好，但是由于电磁性的外接入系统维护成本高，接线情况复杂，加之电磁的特殊属性，所以容易产生漏电现象，使得自动化设备控制系统极其不安全。而PLC技术的运行不仅解决了电磁性触电的风险，而且简化了控制程序。比如对短路系统的控制，PLC技术的运用可以有效地控制电气自动化设备中断路器，而且具有反应速度快的特点，所以能够在最短的时间内实现短路控制。另外，当前的自动化设备投入成本大，PLC技术在具体的运行过程中能够实现自动化设备之间的有效转化，以此避免机械设备在错误指令下的运行，对保障自动化设备平稳、安全运行具有重要意义。

（二）闭环控制层面

闭环控制主要是指输出的数据信息经过相应的操作处理后，其将会重新返回数据处理的初期阶段，从而形成闭环。根据闭环控制的相关应用特征，其在实际应用过程中将会受到反馈机制的影响。当控制系统开启后，通过不同数据信息的有序输出，经过二次数据信息输出后及时导入不同数据，多次修正后将会达到预期输出结果。在工业生产和加工过程中，由于闭环控制系统具有较好的灵活性和高效的稳定性而被广泛应用。相关工作人员可根据系统控制对象的特征和数据反馈结果，对系统内部的实际操作进行有效调整，以系统的实际运行情况为基础，采用科学合理的自动控制模式，结合不同操作环节的数据信息分析结果，能够更加精准地掌握整个电气设备控制工作的核心要点。

（三）顺序控制

PLC技术能实现顺序控制，这也是PLC技术的基础功能之一。在电力系统自

动化控制中，可以利用PLC技术实现顺序控制。在长期的应用过程中，PLC技术的顺序控制功能得到进一步完善，其稳定性、可靠性得到加强，能满足当前电力系统自动化控制的相关要求，并实现良好的节能效果。不仅如此，PLC技术还可以实现数据控制，也就是说，实现对系统的阶段性控制，在这个过程中，针对具体阶段和环节的控制关系到下一个阶段和环节的正常运行和生产。只有满足相应条件才能实现下一步，如果上个动作没有结束，那么只要满足具体条件，下一个生产动作就是自动开始，而前期的执行命令则会自动清除。在控制过程中，PLC技术能够根据系统具体主体和输出量进行划分阶段，并根据阶段特征实施对应控制。在电力系统自动化控制中应用PLC技术，可以满足电力系统生产的自动化控制要求，而且能达到良好的稳定性。

（四）PLC技术运用在立体仓库中

在立体仓库中应用PLC技术，主要通过对仓库中电气自动化的控制来对仓库进行物流管理。在立体仓库中应用此技术，主要通过相关技术人员在掌握PLC技术的基础上接收有关立体仓库的数字信息，通过此技术将数据信息转变为指令，从而实现对相关设施的统一化管理。通过PLC技术应用在立体仓库中，可以有效地提升仓库电气工程自动化控制系统的精准性，并及时对相关设备进行准确操作，进而提升仓库的管理质量和效率。

第二节　电力系统自动化与智能技术

一、电力系统自动化和智能化综述

（一）自动化

1.电力系统自动化的重要性

电力系统自动化是自动化的一种具体形式，它是指应用各种具有自动检测、决策和控制功能的装置并通过信号系统和数据传输系统，对电力系统各元件、局部系统或全系统进行就地或远程的自动监视、协调、调节和控制，以保证电力系统安全、优质、稳定、经济地运行。

电力系统是个庞大和复杂的系统，控制与管理一个现代大型电力系统，使之安全、优质、稳定和经济地运行，是十分困难的。

首先，被控对象复杂而庞大。电力系统各类设备众多，有成千上万台发电、输电、配电设备；被控制的设备分散，分布在辽阔的地理区域之内，纵横跨越一个或几个省；被控制的设备间联系紧密，通过不同电压等级的电力线路连接成网状系统。由于整个电力系统在电磁上是互相耦合和连接的，所以在电力系统中任何一点发生的故障都有可能在瞬间影响和波及全系统，甚至引起连锁反应，导致事故扩大，严重时甚至会使系统发生大面积停电事故。因此，在电力系统中要求进行快速控制，而对这种结构如此复杂而又十分庞大的被控对象进行快速控制是十分困难的。

其次，控制参数很多。这些参数包括电力系统频率、节点电压和为保证电力系统经济运行的各种参数。为了保证电能质量，要求在任何时刻都应保证电力系统中电源发出的总功率等于该时刻用电设备在其额定电压和额定频率下所消耗的总功率。而在电力系统中，很多用户的用电需求却是随机的，需要用电时就合闸用电，而且用电量往往是变化的；不需要用电时就拉闸断电。这就需要控制电力系统内成百上千台发电机组和无功补偿设备发出的有功和无功功率等于随时都在变化着的用电设备所消耗的有功和无功功率。显然，监视和控制成千上万个运行参数也是一项十分困难的任务。

最后，干扰严重。从自动控制角度而言，电力系统故障是电力系统自动控制系统的一类扰动信号。电力系统故障的发生是随机的，而且故障的发生和切除是同时存在的，也就是说，扰动的同时伴随着被控制对象结构的变化。这就增加了控制的复杂性。电力系统故障有时会使电力系统失去稳定，造成灾难性后果。因此，如何控制才能提高电力系统的抗干扰能力，使系统发生故障时不致失去稳定，在失去稳定后又如何控制才能使系统恢复稳定，已成为当前电力系统控制研究的重大课题之一。

上述分析说明，为保证电力系统安全、优质、稳定、经济地运行，单靠发电厂、变电站和调度中心运行值班人员进行人工监视和操作是根本无法实现的，必须依靠自动装置和设备才能实现。实际上，电力系统规模的不断扩大与电力系统采用自动监控技术、远动技术是密不可分的。可以毫不夸张地说，电力系统自动化是电力系统安全、优质、稳定、经济地运行的保证之一。没有电力系统自动化，现代电力系统是无法正常运行的。

2.电力系统自动化的内容

电力系统自动化一般有两方面的内容：一是电力系统运营自动化系统，二是电力系统自动装置。

（1）发电厂自动化。发电厂自动化系统主要包括动力机械自动控制系统、自动发电控制（automatic generation control，AGC）系统和自动电压控制（automatic voltage control，AVC）系统。火电厂需要控制锅炉、汽轮机等热力设备，大容量火力发电机组自动控制系统主要有计算机监视和数据系统、机炉协调主控系统和锅炉自动控制系统。水电厂需要控制的则是水轮机、调速器以及水轮发电机励磁控制系统等。一般而言，水电厂的自动化程度比火电厂要高。

（2）变电站综合自动化。变电站的自动控制系统是在原来常规变电二次系统的基础上发展起来的。随着微机监控技术在电力系统和发电厂自动化系统中的不断发展，微机监控监测技术也开始引入变电站，目前已实现了变电站的远方监视控制，远动和继电保护已实现了微机化。目前，各地正大力开展无人值班变电站设计改造工作。无人值班变电站将会把变电站综合自动化程度推向一个更高的阶段，其功能包括变电站的远动、继电保护，远方开关操作、测量及故障，事故顺序记录和运行参数自动打印等功能。

（3）配电自动化。配电是电力系统直接面向用户的功能，是电力系统的重要组成部分。配电网是电力生产和供应中的最后一个环节，与千家万户直接密切联系。它是由配电变电所、柱上变压器、配电线路、各种断路器、开关以及各种保护装置和无功补偿装置所组成。配电系统最大的特点是供电设备分散，与用户直接相关。接线方式虽然大多数为干线式，但可以分段串联，运行方式变换灵活。它的主要任务如下：

①保证配电网重要用户的供电，控制负荷，使供电、用电平衡，提高负荷的利用率。

②随时掌握配电网的运行状态，及时调整配电网设备的运行，使有功功率分布合理。

③及时调整无功功率补偿设备的运行，保证负荷供电电压的质量。

④降低配电线路的功率损耗，提高配电网运行的经济性。

⑤发生事故时，迅速获取信息，及时处理事故，保证用户的供电并尽量缩短对用户的停电时间。

我国配电自动化采用三种基本功能模式：就地控制的馈线自动化、集中监控模式的配电自动化，以及集中监控模式的配电自动化与配电管理相结合的模式。

（4）电力系统调度自动化。电力系统调度的任务可概括为：控制整个电力系统的运行方式，使电力系统在正常状态下能满足安全、优质和经济地向用户供电的要求，在缺电状态下做好负荷管理，在事故状态下迅速消除故障的影响和恢复正常供电。电力系统调度自动化的任务是综合利用电子计算机、远动和远程通信技术，实现电力系统调度管理自动化，有效地帮助电力系统调度人员完成调度任务。

因此，电力系统调度自动化系统的功能逐渐从以经济调度为主转向以安全控制为主。同时，随着计算机软、硬件能力的增强，开发了功能更强的应用软件包，如状态估计、在线潮流计算、安全分析、事故模拟等，使调度自动化系统由初期的安全监视功能上升到了能实现安全分析和辅助决策功能。

（5）电力系统自动装置。发电厂、变电所电气主接线设备运行的控制与操作的自动装置，是直接为电力系统安全、经济地运行和保证电能质量服务的基础自动化设备。

电气设备的操作分为正常操作和反事故操作两种类型。按运行计划将发电机并网运行的操作称为正常操作。电网突然发生事故，为防止事故扩大的紧急操作称为反事故操作。防止电力系统的系统性事故采取相应对策的自动操作装置称为电力系统安全自动控制装置。电气设备操作的自动化是电力系统自动化的基础。

电力系统自动装置一般指的是常规自动装置，主要包括备用电源和备用设备自动投入装置，自动重合闸装置，同步发电机强行励磁和自动调节励磁装置，自动按频率减负荷装置，同步发电机自动并列装置，水轮发电机低频自启动、自动解列、自动调频装置。

以上这些自动装置对保证电力系统的安全运行、防止事故扩大、提高供电可靠性具有重要作用。

（6）电力系统安全装置。发电厂、变电所等电力系统运行操作的安全装置，是为了保障电力系统运行人员人身安全的监护装置。由于电力操作是一项具有一定危险性的工作，每年都有许多惨痛的教训，因此，安全装置成为人们长期力图攻克的目标，其功能是保障操作人员的人身和生命安全。这类自动装置还在发展中，在此不再展开讨论。

（二）智能化

1.智能化概念

智能化是一种先进的科学技术，高于人脑劳动，以计算机代替人脑。智能化应用广泛，其中包含仿生学、自动化科学、计算等，并且从现阶段应用看，效果良好。智能化主要是在电能管理、运输中融入电子技术，其中包含系统结构、人机接口，具有多种智能技术类型。智能技术能够解决产品中存在的各种问题，并且经过实践证明效果显著。随着电力行业社会功能的增加，智能技术快速发展，得到了社会的广泛关注，并且主动融入电力系统，受到了广泛欢迎。

智能化的应用具有效率高、稳定性强等优势，尽可能降低系统运行风险，进而防止问题出现造成不必要的麻烦。目前，智能化技术的应用得到了长足的进步。但是相对于发达国家，我国智能化技术发展较晚，在相当长一段时间处于空白，因此存在一定的不足，有待进一步完善，不过随着科学技术的不断发展，我国智能化技术将会实现优化，走向更高的发展领域。

2.智能化技术优势分析

（1）智能化控制技术的一致性较强。智能化的控制器具可以对任何数据进行正确反馈，进而做出正确的判断，最终达成自动控制需求。其所达成的控制效率受对象决策的影响，就算对其并未发生反应，在具体流程中效果仍然很理想。因此，在设计电气工程的自动化控制中，需要对控制对象特征进行全面分析，并细致分析排查电气工程中的任意环节。

（2）智能化调控功能的优势较强。智能控制技术的调控功能较强，可以利用响应时间、下降时间、鲁棒性的变化对系统进行随时调控，进而促进本身工作能力的进一步提升，保障自动化工作。在任何状况下，智能化控制技术的调控能力都很强，适合在电气工程的具体工作中合理运用。另外，在对电气设备的调控中，不需要专人在场，可利用远程调整与控制。

（3）智能化技术的密度很高。传统的控制技术很难对其精准地掌握，进而在设计该模型时需要面对大量难以预测与估计的客观性因素。若是无法精准地掌握这些客观因素，就很难对模型进行准确的设计，会使自动控制工作的效果大大下降。智能化控制技术不需要实施对模型的控制，可从根源上防止一些不可控制因素的出现，进而实现自动化控制技术精密度的有效提高。

（三）自动化和智能技术的结合

自动化技术和智能技术应用于电力系统中，进一步完善和发展了电力系统的管理和运行。智能系统在电力系统中的实际应用不仅起着协调系统本身和电力系统不稳定发展的作用，同时使得电力的应用价格相对便宜。因此，智能技术作为一种技术已经应用到电力系统的自动化是一项重要的研究技术。智能技术从分类上可分为以下几个部分：模糊控制法、神经网络控制法、专家系统控制法、线性最优控制和集成的智能控制。如今，断电系统自动化的技术发展尚未成熟，仍存在一些不足之处（强非线性、时变参数和不准确性）需要加以改进。在电力系统自动化中应用智能技术，不仅可以发展和提高电力自动化技术，还可以通过自动化的智能控制系统有效地协调电力系统的不稳定性。由于电力系统目前的发展还不是很成熟，所以，为了使尽可能多的电力网络可以满足和方便市民的需求，智能技术在电力系统的应用是非常有必要的。然而，中国的电力系统自动化目前的水平还不是很高，各方面的发展还不成熟，有不同程度的问题和缺陷，因此，电力系统自动化智能技术的应用还有待提高。

二、电力系统智能技术分析

（一）线性最优控制技术

电力系统控制技术中最重要的一部分就是线性最优控制技术，而控制发电系统是线性最优控制技术中的重点。如何提高发电系统的工作效率，如何改善发电系统的运行品质是需要研究的主要问题。现阶段，在发电系统中，线性最优控制技术是发电机制电阻中应用最多的一项。

（二）专家系统控制技术

作为一种全面的智能管理系统，专家系统控制技术在电力系统有着广泛的应用，用于基本级控制器的激励、智能组织、协调及决策，从而实现规律控制。专家系统控制技术可以解决各种不确定的、定性的、结构化和启发式的知识信息等问题。如电力系统恢复控制、调度员培训、配电系统自动化、隔离故障点以及对紧急或警告状态的辨别等。专家系统控制技术在控制上非常全面，应用上非常广泛。一般而言，专家系统控制技术可以对电力系统的各种状态进行控制、恢复和辨识。虽然专家系统控制技术应用上非常广泛，但还是有一定的局限性，如只是对浅层知识的应用和难以模仿等，对深层的模仿缺乏针对性。因此，在专家系统控制技术中应当注意运用专家系统的效益分析方法，并对专家软件的有效性进行试验，专家系统控制技术还需要逐步完善。

（三）模糊逻辑控制技术

模糊方法在宏观层面控制系统为非线性、不确定性和随机性系统的控制提供了良好的途径。模糊方法十分简单，易于掌握。通过模糊决策与推理的方法，对复杂过程的对象进行有效控制。在具体控制过程中，经常会用“如果……，则……”的方法来表述专家的经验与知识。模糊逻辑控制技术的应用非常广泛，它的应用使电力系统的控制品质有了很大的提高，有效地减少了常规模式对智能技术的束缚，使智能技术的实用性与应变性更强。如自组织或自适应模糊控制、模糊变结构控制、神经网络变结构控制和自适应神经网络控制等。如今，为促进模糊逻辑控制技术的发展和应用，适当地与其他控制技术结合，如与专家系统技术相互结合，能够有效地提高控制技术的稳定性，这也是电力系统控制技术的发展方向。

（四）电力系统中应用神经网络系统

神经网络系统具有非线性特性，在电力系统中的用途很广泛，它具有自管理能力以及强大的信息处理能力。神经网络的控制是通过使用特定的信息实现非线性映射，然后通过映射出的数据进行计算得出的，这样的控制方法能有效地处理许多所用的电源系统。

（五）综合性控制方式的应用

在各大电力系统中，综合性控制方式最具有潜在的实力，而智能技术的集成将成为综合性技术的重要发展趋势和发展方向。通过各项技术的相互补充，使得它们的优点能够充分发挥出来，并促进智能控制技术的集成化，使其形成一个整体，因为智能技术在控制方式中的差异是具有交叉性的，因此相关管理人员会把这些差异综合起来作出分析，而综合性智能体系的应用可以参照模糊控制体系有关结构，再把一些控制技术有机、科学地融合起来，从而使自动化技术能够得到完善，并让这项技术使用起来也更加稳定和简便。

（六）电气故障诊断

电力系统内部电气设备处在运行状态下，由于诸多因素影响可能会产生运行故障，这些故障在形成之前必然会有相应的预兆。如果采用智能化技术实时扫描电力系统，可以及时发现故障预兆，将其在未发生之前解决，从而维护电力系统的稳定运行。电力监控系统内部采用智能化技术，一旦系统运行过程中产生电气故障，也可以及时加以识别与处理，最大限度地降低故障可能带来的损失。例如，变压器运行期间存在故障，技术人员采用智能故障诊断技术，及时识别变压器故障，并且将变压器渗漏分解，将故障检修范畴缩小。如此一来，不仅变压器的故障得到解决，还提高了该电气设备的运行稳定性，保证了最佳经济效益。

（七）编程控制

近年来，很多行业开始运用编程控制技术，对控制机电具有深远的意义。因此，可以利用编程控制技术满足电气工程对运行方面的相关需求，并对电力生产进行合理匹配，实现对电气工程智能化运行的强化控制，可以极大程度地让编程控制设备替代电气系统元件应用，此种技术能够主动转换供电体系，优化电气系统的稳固性。因此，有关系统需持续加强电气系统中可编程控制技术的运用，从根源上对电气工程运行的稳定性进行强化控制。

（八）智能互联通信物联技术

智能互联通信技术主要基于当下的物联网时代的发展。在电力系统中，数据的传递依靠通信技术，数据的共享依靠物联技术。因此，在进行智能电力系统设计时，必须要考虑使用何种通信技术进行器件的数据传递与共享，如采用5G无线通信技术实现各设备间的通信，同时保证通信协议向下兼容，可使用多种类型的无线通信技术，以提高智能电力系统的容错性、协同性、安全性和健壮性。

三、制定关于提高自动化中智能技术应用的措施

（一）运用智能化技术应用管理

在自动化中采用智能技术应用管理，主要包含两个方面：首先是有利于完善安全运维责任制度。只有明确的责任制度，相关人员才能够了解自己的权责，并且在运维过程中完全按照既定的步骤和环节进行操作，最大程度地减少运维导致的安全事故。安全管理人员在现场管理过程中需要遵循发现问题、解决问题的原则。其次需有利于完善管理方法。在开展管理工作过程中，需要坚持“以人为本”的原则，通过建立考核机制、监督体系等，保证管理制度的完善。针对运维管理工作，需要通过安全知识讲座等形式提高运维人员的安全意识。同时，为了能够有效提高运维人员学习安全知识的积极性，电力企业可以通过考核制度，将学习成果与奖金挂钩，形成人人学安全、人人讲安全的良好氛围。

（二）引入先进技术

当前，就我国电力企业在控制系统中的发展情况来看，还未实现完全智能控制，只能够借助相关的设备实现智能控制。电力企业采用的辅助设备控制有两种：一种是自动化控制设备，二种是手动控制设备。因此，电力企业需要不断研究、引进更加先进的技术，从而促进电力系统的智能运行。

四、智能化技术在电力系统自动化中应用需要注意的问题

为了确保智能技术能够在电力系统自动化中发挥效能，需要做好一系列工作，保证达到预期效果。首先，需要对实际需求进行调研，并且制定好相关方案，为工作的开展提供指导，保证达到预期效果。在技术运用过程中，需要保证所有人员都参与，要充分发挥工作人员的能动性，要勇于表达自己的建议，提升技术的运用效果。同时，需要保证各个部门和人员明确自身的职责，加强合作，提升工作效果，保证智能技术在电力系统运用过程中的效率。在智能技术的运用过程中可能会随时出现问题，对于新问题要准确认识并深入分析。要根据实际情况对既定方案进行合理调整，进而不断优化电力系统的自动化应用。此外，电力

企业需要意识到，在电力系统自动化中运用智能技术需要投入大量的人力、物力和财力，为了保证效果，需要对各类资源进行合理配置。

在电力系统实现自动化过程中，智能技术可以说是不可缺少的一环，通过智能技术可以有效地规范电力系统。我国电力系统实现自动化，智能技术扮演了重要角色，可以保障系统准确、迅速地获取信息，可以更加深入分析用户的用电习惯，保障电力系统运行的安全和稳定。

第三节　电力系统自动化中远动控制技术

一、远动控制技术

远动控制技术是电力系统自动化技术的一种，它与其他一些计算机技术或通信技术相互组合在一起，可以实现对电力系统的自动化控制和操作。通过对远动控制技术的实际应用情况进行分析可以看出，其本身主要是由调度、控制端等部件相互组合而成。而该技术在实际应用中，其本身的作用是为了能够实现对电力系统的遥控、遥测等，主要是为电力系统运行过程中的安全性、稳定性提供有效保障。远动控制技术在具体应用时，其本身的主要作用可以体现在以下两个方面：首先，技术在应用中的调度需要从终端系统当中采集系统在运行过程中所产生出的数据或者是与实际情况相符的一些参数作为基础支持。其次，对这些数据进行分析和研究，在分析之后，将相对应的指令下达到执行端当中，这样才能够保证整体测控任务完成的有效性。

二、远动控制技术的原理分析

一般情况下，远动控制技术在实际应用过程中，主要是通过对远动信息已经能够产生出的信息进行具体操作，将其与实际情况结合之后，将产生、传送、接收三个方面的命令相互组合在一起实现技术的有效应用。其中，远动信息命令产生后，在具体操作中是由发送端设备在运行中对远动控制信道进行控制之后，实现信息的有效传递。与此同时，在这一基础上，将接收端设备在其中的接收性作用充分发挥，将信道中传输的信息进行接收处理。从结构的角度出发对其进行分析和判断可以看出，远动控制系统与自动化系统相互之间具有一定的差异性，而这一差异性主要体现在信道上。因此，针对这一现状，在具体信息的命令传递过程中，需要利用某种特殊的设备对信息进行转换处理，这样才能够保证信息传递过程的有效性和真实性。虽然当前的远动控制技术在实际应用过程中能够为电力系统自动化的运行提供稳定性的保障，但是通过对现状进行分析可以看出，由于信息传输距离和信道等各种因素对其本身结构产生的影响，会在某种程度上促使其本身的运行受到不同程度的影响。

三、远动控制系统的功能设计

（一）遥测与遥信

有效运用通信技术对测量变量的值进行测量，就被称为远程测量。运用通信技术对设备的整体状态进行监视被称为远程信号。遥测和遥信是电力自动化控制系统中占有非常重要地位的两方面内容。遥测和遥信这两种技术主要是通过对被控制的电场进行远程测量而实现的。通过这两种技术，可以随时掌握电场内部设备运行的状态，并在之后制定出更加全面的自动控制措施。

（二）遥控与遥调

运用现代先进的通信技术和命令对设备的状态进行改变的过程被称为命令，这种命令又被称为远程命令。在运行的过程中，尤其要学会根据需要对命令进行调整。因为只有全方位地调整各方面的参数才能够更好地保证各类设备得以安全正常地运行。调度中心对发电厂和变电所中的相应设备进行直接抑制的行为被称为遥调。例如，调度中心可以对一系列设备发出合闸、分闸和发电机的开关等诸多类型的指令。此外，在操作过程中，尤其需要对被控制的设备发出一系列控制的命令。如果在使用的过程中产生诸多变化的话，那么尤其要根据实际情况进行不断扩容，最好能够在此过程中不断进行自我检查和自我诊断。

（三）诊断与维护

除了能够在使用的过程中进行遥测、遥信、遥控和遥调等操作，远动系统在线路故障诊断和维护方面也会发挥非常重要的作用。如果线路在操作中遇到故障，那么尤其可以根据超过电流的值进行对应的判断，并在最后将相关信息传输到调度中心。调度中心再对发生故障的位置进行精准定位，并迅速隔离故障区域。自动遥控的命令会更好地配合配电所的开关，并给出相应的提示和处理报告。控制中心尤其会对故障区的遥信值进行查找，并通过更好地比较遥测和遥信之间的最大值，找到存在的故障点。

四、远动控制技术在电力系统自动化中的应用

（一）数据采集技术

运动系统数据采集技术主要包括变送器技术和A/D转换技术。电力系统实际运行参数都是大功率的，为了能够对这些信号进行处理，一般都需要利用变送器技术将这些大功率参数进行转变，将原本的电压、电流以及有功和无功线转化成TTL电平信号，这样就能够进行远动系统处理。在电力自化调度系统中，传送遥信信息一定要经过两个环节的处理，首先是要采用光电隔离的方式对遥信对象的状态进行采集，然后是将采集到的遥信对象状态的二进制编入具体的遥信码中，通过数字多路开关，将这些遥信状态输出到接口电路，由接口电路将状态送入计算机的CPU进行最后处理，这样就完成了遥信信息的编码工作。在采集遥测信息的时候，一般都是通过交流采样技术，从CT、PT以及电线杆上的传感器中取得电压和电流的信号，经过过滤和放大，将信号中的19次以上的高次谐波去掉，将采集到的信号转入取样保持环节进行采集，这样就能够得到与信号源同步的信号，然后再通过A/D转换，将所得到的信号进行模拟/数字转换，最终得到的数字信号就能够送入单片机等较高层次的环节，数据采集也就顺利完成。

（二）信道编译码技术

在电力系统自动化远动控制的过程中，信道编译码技术的应用有着非常大的作用。工作人员在信道编译码运用的过程中非常重视对分组码的运用，并需要通过在传输的过程中，通过不同类型的构造方法来形成不同的特征码。另外，在信

道编译码的应用过程中，工作人员尤其应该重视在对循环码编译的原理充分重视的基础上，对系统采用循环编码的方式进行编码。最根本是要判断在噪声信道上所受到的干扰是否能够被更好地校验。另外，工作人员在查验的过程中，尤其要注意其余是否为零，并根据这个来判断是接收码字还是发送码字的过程。在此基础上，才能够促进整个电力系统的应用效率得以不断提升。

（三）通信传输技术

在电力系统的自动化系统运用的过程中，远动调控通信传输技术主要包括调制和调节两种类型。在整体电力自动化系统中，主要由卫星、光缆和微波等不同类型的通信工具构成，这些都属于电力专用通信网络的重要组成部分。目前，在整个电力系统运用的过程中，主要是通过在信号发射端进行编码，之后再更好地实现基带信号，最终更好地实现电力线载波数据的运用。电力线中的载波信号又被称为高频谐波信号，主要通过对各种调制技术将其转换成模拟信号。整体过程中主要采用应用电流和电压的传送方式进行输送，之后再在后续的接收过程中将原有的模拟信号都转换成数字信号。

第四节　电力系统供配电节能优化

一、电力系统供配电设计及其节能优化的意义

（一）供配电设计的内涵及设计原则

供配电设计是指在设计电能使用过程中，为保证电能的高效使用，合理、科学、具体地规划与设计电能供应与分配的过程。其包含的主要内容有变压器的选择、导线与电缆的选择、无功功率的补偿、防雷与接地装置的设置与选择等。进行供配电设计的工作人员首先必须具备专业的电力学知识和极强的实践经历，其次必须在设计时综合保证系统的可操作性、完整性、可延续性、安全性、经济性

等，才能设计出高效、节能、可维护的实用系统。

（二）电力系统供配电节能优化的意义

供配电节能设计对于整个电力行业都有着非常重要的现实意义。

首先，在当前社会发展的大趋势下，各个国家都在积极研发新的可再生能源，以减缓不可再生能源的损耗速度，以期进一步保护地球的生态系统。但是即使在这种背景下，各个国家还是出现了能源短缺的现象，能源短缺在很大程度上影响着人们的正常工作和生活，给人们带来了很大的困扰，所以对供配电系统进行节能设计，可以有效地减少电力能源的损耗，这样就会从另一个角度提高能源的使用效率，有助于缓解能源短缺的现象。

其次，由于当前社会对于电力能源的需求是非常大的，所以电力输送行业正在面临极大的挑战，因为需求量越大，电力输送的任务就会越重。当输电网络需要完成高负荷的电力输送任务时，在输电的过程中就会产生安全问题，容易引发火灾等安全事故。一旦引发安全事故，电力网络容易陷入瘫痪状态，这也会影响广大人民的正常生活。另外，随着社会的不断发展与进步，我国的电力行业也在不断进行革新。当前我国正在不断推行电网调度模式，推行电网调度模式就必须要有科学的电路网络框架作为依托，所以做好供配电系统的节能设计，还能够提高供电网络的科学性，有利于进一步推行新政策，可以促进社会的进步与发展。

最后，做好供配电系统的节能设计，对于电力企业自身还有着非常重要的现实意义。当前市场中的竞争非常激烈，对于电力行业来说也是如此，电力企业需要不断做出改变和创新才能够很好地生存下去。当前，降低成本、保证质量是企业主要的发展趋势，对于电力企业来说，优化供配电系统，可以在保证输电量的同时降低输电设备的成本，可以让电力企业更好地利用企业内部的资源，有利于电力企业提升自身的竞争力，可以使企业在电力行业中长期稳定地发展。

（三）供配电系统总体规划

在对供配电系统进行节能设计的过程中，工作人员需要围绕以下两个方面进行：一是电能的节约，二是成本的控制。在对供配电系统进行设计的过程中，相关工作人员需要对用电需求有非常透彻的了解，使供配电系统的设计依托于用户的用电需求，在保证用户能够正常用电的前提下，设计人员要对供配电系统的电路进行简化处理，根据实际情况考虑线路的性价比，尽可能地将电路简化，这样就可以通过对线路系统的设计减少电能的消耗。另外，目前我国的科学技术已经有了很大发展，更多的先进设备被研发出来，在电力行业，越来越多高性能、高质量的变压器已经投入使用。在这种情况下，负责设计供配电系统的工作人员就需要根据实际情况，在变压器能够正常工作的前提下，对变压器的组合做出改变，积极使用技术先进的变压器设备，通过优化变压器的数量来减少电能的损耗，在减少变压器数量的同时，还能够有效地减少成本，从而使电力企业获取更多的经济效益。在电力能源输送的过程中，电压、电流和电损之间存在着密切的关系，要想有效地降低电损，就必须要想方设法提高电压，所以负责设计供配电系统的工作人员需要对电压作出考虑，通过充分调研计算出一个最优结果，使设备成本和电损成本的组合降到最低，在满足用户需求的同时有效地为社会节省能源。

二、影响电力系统供配电节能因素

（一）电压等级

在对电压等级进行设置时，应严格按照电气系统中对电量需求的要求确保额定电压级别设计的合理性。一般在电力系统中，各点处的电压均会出现与额定电压相偏离的情况，需要将偏离的幅度设置在合理的范围内，以确保电力系统本身及电力设备运行的合理性。

（二）变压器

在供配电系统节能中，应优化选择配电变压器。空载损害是影响配电变压器正常运行的主要条件，发生的部位为铁芯叠片的内部位置处，经内部铁芯，交变的磁力线会出现涡流及磁带，进而引发损耗现象的产生。

（三）供配电线路选材及布线

影响供配电系统的节能及外耗的因素与供配电线路的布线及选材有直接关系，需要将电缆及导线作为供配电电路选择上一项需要重点考虑的内容。在进行电路布线的选择上，选择的内容包括优化负荷位置、内部线路布线、变电所选址等。

三、节能优化下的电力系统供配电设计策略

（一）提高供配电系统功率因数

电力企业在节能优化下要通过提高电力系统功率因数，有效降低电网功率的实际损耗。首先，在电力系统中，电动机、变压器等用电设备都会具有一定的电感性，电感性会导致滞后电流的产生，从而造成供配电系统线路电量的不必要损耗。针对于此，企业技术人员要尽量采用一些具有较高功率的用电设备，通过科学设置用电补偿电容器的方式进行消除用电设备携带的电感性；然后，供配电系统中的静电电容器能够有效产生无功电流，无功电流能够起到补偿滞后电流损耗、提高功率因素的价值作用。电力企业供配电系统设计人员在节能优化设计工作中，要结合供配电的实际情况科学合理地选择最佳补偿方式。在供配电系统运行中广泛应用的补偿方式主要包括集中高压补偿、成组低压补偿以及分散低压补偿等。

（二）减少线路输电损失

首先，可以减少导线长度。在设计输电线路的过程中，低压箱和配电箱输出线要呈现出直线，控制低压线路供电半径在200m范围内，中等密集地区线路供电半径要控制在150m以内，小负荷地区的线路供电半径要控制在250m范围内。为了优化供电输电线路，需要根据供电半径不断调整输电线路的实际长度，使导线长度尽量减少。

其次，需要增大导线的截面积。如果输电线路比较长，而且荷流量比较稳定，可以在电网设计过程中增加导线的截面积。虽然这样可能会增加经济投入，但是从长远角度出发，通过增加导线的横截面积，有利于节省电能，这种节电方式比较科学。

再次，需要分类用电负荷。划分热水器和冰箱等为普通负荷，利用一条线路对这些常规设备进行供电，利用另一条线路负责较大机器的供电。

（三）合理布线

电气系统的正常运行与布线的合理性有着非常大的联系，布线合理性还能影响整个建筑行业的经济效益。通常，建筑工程中的布线种类多种多样，包含供配电线路系统、自动化通信系统、安保系统以及自动化办公系统等。整个电气系统还可分成强电和弱电系统，强电系统由于其过大的电流会产生巨大的电磁干扰，

这种电磁干扰如果达到一定地步甚至可以造成同区域的弱电系统失灵，引起不必要的损失，因此，在综合布线时要使强电系统与弱电系统的距离大于安全距离，以避免电磁干扰。

（四）科学选择变压器

在整个电力系统中，变压器作为重要的电压变换设备，发挥着不可或缺的关键作用。尤其是10kV和35kV电压等级的变压器，运用得极为广泛。由于变压器用量大且运行时间长，采取合理有效的措施能够节约大量的能源，因此在选择变压器时应当尽可能选择损耗较低的节能型变压器，如S型、S10型以及S11型等。如果是高层建筑、化工企业或是对消防要求极高的建筑物，则需使用低损耗的节能型干式电力变压器，如SG10型、SC6型以及SG11型等。倘若电网电压波动很大且频繁，为了优化电能的总体质量，则可以使用有载调压电力变压器。

（五）合理采用节能照明设备

基于节能优化下，电力企业在供配电系统设计过程中要合理采用节能照明设备，在保障照明质量和满足人们需求的基础上，降低照明设备的能源损耗，提高电力企业节能效果。电力企业工作人员在供配电系统照明工作设计过程中，要充分考虑到自然资源的科学利用，通过合理借助建筑物引进来的自然光线，将自然光与照明设备提供的光源有机结合在一起，这样能够帮助企业最大化地降低照明设备的能源损耗。在自然光线充足条件下，无须启动照明设备。与此同时，设计人员要加强对各项照明设备不同灯光强度的调节工作，通过采用科学的灯光调控与节能开关措施，有效实现电力企业节能降耗的目标，促进电力企业建设运营管理工作稳定持续地发展。

（六）建立配电设计数据库

由于电力中包含大量的电力数据，电力系统需要做好电力数据的整理、收集及存储，确保能够将配电设计数据库的优势充分发挥出来。为了提升电力监控系统运行效果及质量，电力系统会采集到所有的电力数据，并将其存储到数据库中。由于数据库本身具有较强的功能性，在实际的应用过程中能够实现对不同类型数据的分类及处理，完成对数据信息的有效管理，能够将数据库中的信息提供给一些对数据信息有需求的用户。用户为了能够获取自己需要的数据信息，会自行对数据进行检索。建立配电设计数据库促进了用户处理工作效率的提升，实现了对数据的规范化及科学化管理，确保了数据管理的精准性，为数据信息能够更好地在电力企业中应用提供了便利。

第五节　电力系统规划设计研究

一、电力系统规划的设计原则

（一）周期性原则

相较其他工程设计，电力工程设计具有较高的复杂性。为了保证电力工程具有良好的电力运输和调配功能，相关设计者在对电力系统进行规划设计时，首先要遵循周期性原则，以提高电网供电的可靠性与安全性。在实际的电力系统规划设计期间，设计者应从电力工程整体的角度出发制定合理科学的设计周期，还应严格按照相应的施工计划完成对电力系统的规划设计。

（二）安全性原则

在对电力系统进行规划设计期间，设计者应重视安全性原则在整个规划设计期间的落实。一旦电力系统不具备较高的安全性，会使电力系统的规划与设计工作成为表面形式。因此，在对电力系统进行规划设计时，相关设计者应避免整个电力系统存在安全隐患等问题，以有效预防电力系统出现大面积电流、电压不稳定的情况。同时，为了提高电力供应的安全性与稳定性，设计者还应重视对预警和系统检测功能等方面的设计。

（三）经济性原则

在对电力系统进行规划设计期间，设计者需要在保证电力系统能够稳定运行的基础上，最大程度地节约电力工程的施工成本，从而为相关建设企业提供更大的利益空间。为了满足电力系统规划设计经济性原则，相关工作人员在对电力系统进行设计期间，首先要确保电力系统正常运行时的功能需求能够得到满足，其次在此基础上，尽量减少不必要的施工浪费情况，有效控制施工成本，提高企业经济效益，进一步为推动电力工程企业的长期稳定发展提供有力的依据。

二、电力工程设计中的电力系统规划设计

（一）电力负荷预测分析

电力负荷预测是电力系统规划设计过程中能够有效避免电力出现供应不平衡状态的重要内容，因此，在对电力系统进行规划设计的过程中，相关设计人员需要对当地电力负荷情况以及实际的电力供应情况进行全面了解，实现对电力系统进行有针对性的规划与设计。一般来讲，在应用电力负荷预测期间，相关人员通过采用大用户调查的方式来科学预测十年以内人们对电力的需求量和供应量，同时对各种影响电力工程的负面因素进行逐一及时排查，以此对电力系统进行提前的规划与设计工作。另外，相关设计人员还需对电力系统短期运行情况进行相应的排查，尤其是对夏季用电高峰期、低谷期的排查，以此对电力系统规划进行统筹性分配，尽量避免因电网电力供应波动而出现电力不稳定等问题。对于农业区、居民区等地区的用电情况，相关人员可以运用产量单耗方式、产值单耗方式及用电水平方式来测量相关区域的用电水平。但需要注意的是，在实际的电力系统规划设计过程中，相关设计人员需要高度重视电力负荷密度系数，以此确保电力系统规划设计的合理性。

（二）电源工程的规划及设计

在电力系统规划设计中，对电力电源的规划设计是整个规划设计工作中的核心环节。在对电力电源进行规划期间，为了确保电力工程所在区域具有开展电力工程建设的可行性，相关设计人员应以协调发展的原则为基准，对电力工程周边电网电源以及所在区域的电网电源的规划情况进行全面了解，以此对电源输出状态进行有效分析，并在此基础上进行全面的、综合的考虑，明确该区域是否具有开展电力工程建设的资格。电力电源以统调电源和地方电源为主。通常来讲，统

调电源常应用于较大型的发电厂中，其主要是由电网进行统一调度，而地方电源则主要应用在小型水电站或是企业单位之中，其主要是通过自备发电机组来提供电力。在不同时期应用不同电源，其输出情况会存在一定的差异。在实际的电力工程中对电力系统进行规划设计时，随着时间的推移，越来越多的电源机组会应用在实际的电力工程中，因此，在设计人员规划设计电源的过程中，需要对不同电源的出力情况进行全面分析，以此确保电力系统规划设计工作的顺利开展。

（三）电力电量平衡

在对电力系统进行规划设计的过程中，对于电网而言，电力电量的平衡设计有着一定的规范作用与约束作用。因此，在实际的规划工作中，相关人员需要对工程所在区域的电力负荷预测以及电源出力数据进行全面分析得到相关数据，以此计算出较为精准的电力电量，从而合理规划电力工程的布局与规模。

（四）规划设计方案合理性计算

设计人员要通过一定的计算对规划设计的合理性进行评估，为一次、二次设备的选型提供依据。电力计算主要包括潮流、稳定、短路电流、无功补偿等方面的计算。其中，潮流计算是规划设计计算的基础环境，是继电保护设计、稳定计算的重要前提，能够确保电力系统运行的可靠性。在潮流计算中，要从电压、功率等方面入手，确定电网、电力系统的整体运行情况，避免出现电网运行失序、供电需求无法满足等情况。稳定计算的关键是通过计算分析系统运行情况，规避设计方案中的故障隐患。短路电流计算可以对继电保护各部件的整定数值进行确定，如时间继电器的动作时间等，确保短路故障发生后电力系统能够以最小的影响将故障暂时切除，避免扩大停电范围。通过短路计算，设计人员可以确认电力系统各节点出现故障时的电流情况，能够确认系统节点的短路电流等数值。无功补偿计算的关键是消除电力系统无功功率对系统电能损耗的影响，基于一定的电力系统运行效率，确定无功补偿的具体数值，进而开展相关无功补偿设备的选型和结构设计，提升电力系统运行效率。

通过各方面的电力计算，对规划设计方案的合理性进行界定，更准确地评估系统设计方案的成本支出、安全可靠性、运行效率等，为后续的优化设计、隐患排除提供依据。此外，要充分考虑电力系统的具体规模及建设周期，避免因设计过于复杂而影响工程设计的合理性。

（五）电力工程设计的综合性调度

为了确保电力工程运行过程中电力规划设计能够得到全面落实与应用，首先要在电力工程中应用已有资源，通过提高资源利用率，推动电力工程设计的发展。同时借助现阶段先进的科学技术，对电力工程设计进行综合性调度，以此实现对资源配置的优化。

三、我国电力系统规划现状以及存在的问题

（一）我国电力系统规划的现状

由于国民经济发展促进了电力工业的发展，带来的结果就是装机容量和送电数量的大幅度增长。比如，我国最大的水电站——三峡水电站已经为我国的水电业做出了突出贡献，而其中采用的大机组、高电压的设施设备已经替代了落后的设备。然而如果要用传统的方法进行电力系统的规划就已经跟不上时代的潮流，最终会被淘汰，所以当前我国电力规划工作改革已势在必行。

（二）我国电力系统规划中出现的问题

1.规划广度与深度不够

电力行业与每一个行业都有所关联，并且对我国的经济发展有着很重要的影响。然而，就目前我国电力系统的规划工作而言，并没有综合考虑电力规划与环境问题、土地问题等之间的联系，从而出现污染、土地乱用等现象，对企业的发展和人们的生活造成了极大的负面影响。另外，电力的建设需要在大量资金和能源的基础之上，可能造成的浪费问题较为严重，所以我国的电力系统规划工作应当充分考虑社会各方面的资源利用问题，降低相应的成本与消耗等，才能真正推动经济的发展。

2.电网的建设落后

由于电力系统规划工作不够准确等原因，导致新建设的电网在很短的时间内就会出现损耗、超负荷等问题，甚至出现较大程度的安全隐患问题，影响到电网的安全。同时，由于电网与电源发展之间存在着矛盾，就不可避免地会降低能源

的配置效率，带来资源与能源的浪费。并且有些电网并不能够维持大容量输电的需求，影响到电网作用的有效发挥，还给当地的企业和居民带来不利影响。

3.电力系统的规划未能从大局出发

有些地方出于维护自身利益的需要，就会刻意减小电站的规划容量，导致水电开发的力度较小，造成电网峰谷差较大，加剧了地方的峰谷矛盾，给人们的生产生活带来不利影响。加之，有些电力部门并没有根据电力需求制定有效的方案，而是仍然按照传统的供应方案实施工作。所以，电力部门还要完善自身的方案，解决相关的电力问题。

四、电力系统规划的工作方法

（一）明确规划要点

在进行电力系统的规划与设计时，要综合考虑传统的供应资源和可再生资源、利益问题等。若具体的情况发生变化，就要根据相应的情况对规划的内容等做出改变，满足最基本的用电需求。同时做好计量经济方法战略负荷的预测工作、对资源的评估工作、对于电价的分析工作以及最重要的财务分析工作等。只有明确了规划的要点，衡量了规划工作的重要性，才能够有效做出电力系统的规划工作，保障居民的正常用电，不会对环境造成污染、对资源造成浪费等。

（二）对基本条件、功能以及形态进行分析

分析电力工业的基本条件主要是对电力负荷需要、资源开发以及设备制造等方面进行分析，这样才能有效估算出电力系统的成本等问题。分析电网的基本功能就是要分析电网的各个部分、主要网架的功能及其作用，同时要根据系统的更新状况及时分析网架等设备的功能。分析电力系统的基本形态就是对电网结构进行分析，根据具体的实际情况进行相应的电网结构设计。

（三）有效分析限制性因素

在进行电力系统规划与设计时，要综合考虑影响方案成立的限制性因素，比如自然地理条件、水源条件、跨河流问题等。这样才能够对影响电力系统规划的因素作出有效分析并能够及时提出解决方案，从而最大程度优化电力系统设计。

（四）同时法的运用

同时法就是能够根据需求与供应时间关系进行比较，从而得出电力系统的估算成本的一种方法。这种方法能够直接估算出管理的规模等，从而以较快速度满足计算的需求。但是这种方法的缺点是成本比较高，需要的信息较为详细，因而较为复杂。

第三章　配电网配电线路安全防护

第一节　配电线路安全防护内容

一、架空线路安全防护内容

架空线路安全防护主要包括导线张力和弛度、短路或断线、导线腐蚀、污秽闪络、绝缘子老化、避雷器裂纹和破损、电杆（塔）倾断、金具松脱、误登杆塔、塔材丢失、违章建筑和违章树木等方面的防护。

（1）在防护导线弧垂差异、风摆导致导线相互碰撞发生相间短路方面，应使导线的张力、弛度符合标准。

（2）在防护风刮树枝断落于线路上、向导线上抛掷金属物体、放风筝、不绝缘物刮落、超高车辆通过线路下方或吊车在线路下面作业等可能引发线路短路或断线方面，应在宣传、巡检、维护方面予以加强管控。

（3）在防护导线长期受潮湿、有害气体的侵蚀氧化而损坏，特别是钢避雷线最易锈蚀，导线断股、过紧过松，三相张力不平衡，导线接头烧损，导线与绝缘子绑固松脱故障方面，应注意气象和环境影响，经常检查、调整导线张力，认真检查接头，发现异常及时处理。

（4）在防护线路上的瓷质绝缘子受到空气中有害成分的侵蚀，使瓷质部分污秽，潮湿天气污秽层吸收水分使导电性能增强造成闪络方面，重点把控绝缘子选型和运行检测。

（5）在防护瓷绝缘子不合格或因绝缘子老化，在工频电压作用下发生闪络击穿方面，应加强巡视工作，发现有闪络痕迹的瓷绝缘子应予以及时更换，更换的新瓷绝缘子必须经过耐压试验。

（6）在避雷器固定不牢、表面污秽、裂纹、损伤，保护间隙被其他物短接、间隙不满足要求和瓷绝缘部分受外力破坏发生裂纹或破损发生闪络方面，应注意安装工艺质量和运行检查维护。

（7）在防护土质及水分影响腐蚀木杆造成倒杆方面，应采取涂沥青或加绑桩等防腐措施。登杆作业前，检查杆根是必需的程序。

（8）在防护杆塔基础下沉、倾斜，水泥杆裂纹、疏松断裂，防护设施遭损坏，枝蔓侵害，拉线松弛、断股、严重锈蚀，水泥杆遭受外力碰撞倒杆方面，要加强地质、气象、环境监测，特别要做好防外力碰撞杆塔措施，包括安全标志、防护栏、巡护、媒体宣传等。

（9）在防护导线受力不均而使杆塔倾斜方面，应紧固电杆的拉线或调整导线弛度。

（10）在防护金具锈蚀歪斜、螺栓松动、开口销脱落，导线振动使金具螺丝脱落方面，应在巡视与清扫时仔细检查金具各部件的接触是否良好。

（11）在防护误登杆塔、塔材丢失方面，应采用防盗螺栓、限登挡板等措施保证人身和设备安全。

（12）在防护线路走廊建筑物、树木危害方面，应充分考虑政府职能作用，在路径选择、工程施工、树木砍伐等环节，应与有关部门联合执法。

二、电缆线路安全防护内容

电缆线路安全防护主要包括下列内容：

（1）在防护电缆储运、敷设和运行过程中的外力损伤方面，除加强电缆保管、运输、敷设等各环节的工作质量外，特别重要的是严格执行动土制度。电缆线路故障多为在其地面上进行其他工程施工造成，因此，直埋电缆采取盖板防护层措施应列为施工工艺标准。电缆进入电缆沟、隧道、竖井、建筑物、盘（柜）以及穿入管子时，出入口应封堵，管口应密封；电缆的最高点与最低点之间的最大允许高度差满足设计和规程要求。在下列地点的电缆应有一定机械强度的保护管或加装保护罩（保护罩根部不应高出地面）：电缆进入建筑物、隧道、穿越楼板及墙壁处；从沟道引至铁塔（杆）、墙外表面或行人容易接近处，距地面高度2m以下的地段保护管埋入非混凝土地面的深度应不小于0.1m；伸出建筑物散水坡的长度不应小于0.25m。

（2）在防护地下杂散电流的电化腐蚀或非中性土壤的化学腐蚀使保护层失效而失去对绝缘的保护作用方面，应采取加装电缆护管，并用中性土壤作电缆的衬垫及覆盖，在电缆上涂沥青，在杂散电流密集区安装排流设备等防护措施。

（3）在防护电缆电压选择不当、运行中突然有高压窜入或长期超负荷，使电缆绝缘强度遭破坏击穿方面，需要加强巡视检查、改善运行条件、控制负荷，防止过电压和过负荷运行。

（4）在防护施工不良、绝缘胶未灌满导致终端头浸水发生爆炸和终端头漏油、密封结构被破坏，使电缆端部浸渍剂流失干枯、热阻增加、绝缘加速老化吸潮造成热击穿方面，应严格按施工工艺规程施工和验收，加强运行检查和及时维修，发现终端头进水、渗漏油时应加强巡视，严重时应停电重做。

（5）在防护有毒有害、易燃易爆和化学管线、储罐侵害方面，应特别加强设计、施工等过程的政府统一协调工作，严格按照有关标准设计和建设。

（6）电缆及沟道运维的基本要求主要包括：运维人员应掌握电缆及通道状况，熟知有关规程制度，定期开展运行分析，提出相应的事故预防措施并组织实施；做好电缆及通道的巡视、维护和缺陷管理工作，建立健全技术资料档案，做到齐全、准确，与现场实际相符；建立岗位责任制和专责负责制，明确划分维护管理分界点，不应出现空白点；对易发生外力破坏、偷盗的区域和处于洪水冲刷易坍塌等区段，应采取针对性技术措施并加强巡视。

（7）电缆及沟道的运维技术要求主要包括：设计应符合《电力工程电缆设计标准》（GB 50217-2018）、《城市电力电缆线路设计技术规定》（DL/T 5221-2016）要求，并充分考虑预期使用功能；电缆、附件及附属设备性能应符合《额定电压1kV（Um=1.2kV）到35kV(Um=40.5kV)挤包绝缘电力电缆及附件 第1部分：额定电压1kV（Um=1.2kV）和3kV（Um=3.6 kV）电缆》（GB/T12706.1-2020）要求；进出电缆通道内部作业执行《电力电缆及通道运维规程》（Q/GDW 1512-2014）和有限空间作业相关要求；电缆本体主绝缘、外护套绝缘耐雷水平、电缆载流量和工作温度、电缆的敷设和固定、运行时的最小弯曲半径等应满足规程要求；有防水要求的电缆应有纵向和径向阻水措施；有防火要求的电缆除选用阻燃外护套外，还应在沟道内采取必要的防火措施。

（8）电力电缆的金属护套或屏蔽层接地方式应符合下列要求：对于三芯电

缆，应在线路两端直接接地（若线路中间有接头，应在接头处另加接地点）；对于单芯电缆，在线路上至少有一点直接接地，并且满载情况下，在金属护套或屏蔽层上任一处的正常感应电压在未采取和已采取能防止人员任一点接触金属护套或屏蔽层的安全措施时，分别应不大于50V和100V；对于长距离单芯水底电缆，应在两岸的接头处直接接地。35kV及以上单芯电缆的金属护套或屏蔽层单点直接接地时，若系统短路时金属护套或屏蔽层上的工频感应电压超过金属护层绝缘耐受强度（或超过电压限制的工频耐压），或者需要抑制电缆对邻近弱电线路的电气干扰强度，则宜考虑沿电缆邻近平行敷设一根两端接地的绝缘回流线。

（9）电缆附件运维的主要技术要求如下：电缆终端外绝缘爬距应满足所在地区污秽等级要求；电缆终端套管、瓷瓶无破裂，搭头线连接正常，电缆终端应接地良好，各密封部位无漏油；电缆终端与电气装置的连接应符合《电气装置安装工程母线装置施工及验收规范》（GB50149）的有关规定；电缆终端上应有明显的相色标志，且与系统的相位一致；并列敷设的电缆，其接头位置宜相互错开；电缆明敷设的接头应用托板托置且为刚性固定，直埋电缆接头盒外面应有防止机械损伤的保护盒（环氧树脂接头盒除外）；电缆附件应有铭牌，标明基本信息和安装信息。

（10）电缆附属设备的主要运维技术指标应符合规程要求，主要包括：避雷器外绝缘、热点温度和相对温差，供油装置油压，接地装置接地连接可靠性，防火封堵，在线监测装置报警和自诊断功能，“四防”（防雨、防潮、防尘、防腐蚀）措施等有关内容。

在电缆终端头、电缆接头、拐弯处、夹层内、隧道及竖井的两端、工作井内等地方应装设标识牌，标识牌上应详细标明电缆型号、规格、起止点等信息（双回线路电缆信息须详细区分）；在电缆终端塔（杆、T接平台）、围栏、电缆通道等地方应装设警示牌；在水底电缆敷设后，应设立永久性标识和警示牌；在电缆隧道内应设置出入口指示牌；接地箱应设置标牌，电缆隧道内通风、照明、排水和综合监控等设备应挂设铭牌。所有标牌、警示牌、指示牌、铭牌的材质、规格、耐腐蚀性能以及标注的信息内容应符合规程要求。

在电缆穿过竖井、变电站夹层、墙壁、楼板或进入电气盘、柜的孔洞处应做严实可靠的防火封堵；在隧道、电缆沟、变电站夹层和进出线密集区域应采用阻燃电缆（或采取防火措施）；重要电缆沟和隧道中有非阻燃电缆时，宜分段或用软质耐火材料设置阻火隔离，封堵孔洞。

在直埋、排管敷设的电缆上方沿线土层内应敷设带有电力标识的警示带，直埋电缆不得采用无防护措施的直埋方式。与煤气（天然气）管道邻近平行的电缆通道应采取有效措施及时发现燃气泄漏进入通道的现象，发现泄露及时处理。直埋电缆的埋深（由地面至电缆外护套顶部的距离）一般不小于0.7m，穿越农田或车行道下时不小于1m（进入建筑物、与地下建筑物交叉及绕过建筑物时的浅埋区段须采取保护措施）。电缆沟道、隧道、工井、排管、桥架、水底电缆等各项安全技术要求应符合规程规定。

第二节　线路分界（分段）防护

配电线路上T接的分支线路范围内发生永久性故障时，往往会造成整条配电线路长时间停电，影响对其他非故障分支用户的正常供电，将对供电企业和电力用户造成损失。为解决分支线路永久性故障对全线非故障分支负荷用户的影响问题，采用加装用户分界负荷开关或用户分界断路器的方式予以控制，实施控制的元件分别是“用户分界负荷开关控制器”和“用户分界断路器控制器”。

一、用户分界负荷开关控制

通过用户分界负荷开关控制器对配电线T接的分界负荷开关实施智能控制，实现对线路的保护及自动监测、故障查询、信息通信等功能，包括过流保护、零序保护、事件记录、实时时钟、实时状态查询、智能掌上电脑控制、本地/远程定值设置、遥控/手合操控、故障主动上报、GSM短消息报告、GPRS通信、以太网通信等。

用户分界负荷开关控制器的故障保护性能如下：

（1）中性点不接地（含经消弧线圈接地）系统分支用户界内发生单相接地故障时，判为永久性接地故障后实施跳闸，选出故障分支。

（2）中性点经小电阻接地系统分支用户界内发生单相接地故障后，迅速切除故障。

（3）用户分界内发生永久性相间短路故障时，实施无流无压跳闸，隔离故障。

二、用户分界断路器控制

用户分界断路器对短路电流开断的能力较负荷开关大，具有自动重合闸功能。分界断路器控制器可作为变电站线路保护的下级保护，其在保护及自动监控、故障查询、信息通信等方面的功能包括速断保护、过流保护、零序保护、重合闸、重合闸后加速、事件记录、实时时钟、实时状态查询、智能掌上电脑控制、本地/远程定值设置、遥控/手合操控、防浪涌保护、GSM短消息报告、GPRS通信、以太网通信等。

用户分界断路器控制器的故障保护性能如下：

（1）中性点不接地（含经消弧线圈接地）系统分支用户界内发生单相接地故障时，判为永久性接地故障后实施跳闸，选出故障分支。

（2）中性点经小电阻接地系统分支用户界内发生单相接地故障后，先于变电站保护动作跳闸，切除故障分支。

（3）用户分界内发生永久性相间短路故障时，通常先于变电站保护动作跳闸，切除故障分支。

三、免TV用户分界自动控制开关

用户分界负荷开关控制器和分界断路器控制器引入的电压量，以及开关和控制器的电源电压均由线路电压互感器（Voltage transformer，TV）提供。使用线路TV必然带来一些问题，如容易产生谐振过电压导致设备绝缘危害、污染电源、开关结构设计较复杂、增加资源浪费等。采用免TV用户分界断路器将会克服TV带来的上述缺点，可实现线路短路故障和接地故障的自动快速隔离、与配电自动化系统通信，实现监控线路状态、遥控、遥测、遥信、遥调。

免TV用户分界断路器的智能控制器以电压传感器元件取代电压互感器，所具有的控制功能包括速断保护、过流保护、零序保护、重合闸、重合闸后加速、事件记录、实时时钟、实时状态查询、智能掌上电脑控制、本地/远程定值设置、防浪涌保护、GPRS通信等。其中单相接地故障保护采用零序电流及零序方向保护方法，以区分界内和区外故障。

配电自动化远方终端（简称配电终端），它是安装在10kV及以上配电网的各种监测、控制单元的总称，包括馈线终端（Feeder Terminal Unit，FTU）、站所终端（Data Transfer unit，DTU）及配电变压器终端（Transformer supervisory Terminal Unit，TTU）等。

工作电源的可靠性要求在正常条件下，长期、稳定、可靠地为开关设备终端设备及其通信设备提供合格电源。在配电智能开关设备的大量应用中，由于工作电源所导致的开关拒动、终端设备瘫痪或系统部分功能丧失等问题时有发生，所以配电终端的工作电源方案需要进一步研究。

近年来，配电线路上安装使用智能型分支分段开关设备越来越多，而且几乎全部都是采用电压互感器来获取工作电源。这里所说的“电压互感器”的主要功能是用于取电，虽然我们仍习惯性地将其简称为PT，但不能理解为potential transformer（测量用变压器），而应理解为“电源变压器”（power transformer）的缩写。

众所周知，电力线路对地存在着分布电容，而这个分布电容很容易与这些电磁式电压互感器形成铁磁谐振过电压。由电磁学原理和过电压理论可知，产生铁磁谐振过电压的必要条件是谐振频率，因此，铁磁谐振过电压可以在很大的范围内发生。其过电压的幅值较高，如此高的过电压足以对电气设备造成严重的危害。这就是近些年来配电线路上随着智能开关设备安装使用量越来越多，TV损坏比例较高的主要原因。

为避免由于铁磁谐振产生过电压的危险，所以非电源变压器供电方式已经开始有研究和小规模试用。

非电源变压器供电方式也叫免TV取电方式，主要有两种，即采用高压电容限流取电的方式和采用电流互感器取电的方式。这两种方式都没有高压电磁线圈，故不会产生铁磁谐振过电压。而且，采用高压电容限流取电的方式没有电磁损耗，省电节能；采用TA取电的方式具有高性能的绝缘强度、造价低、安全可靠等特点。

（一）电容限流取电

电容限流取电是将10kV高压电通过电容器限流后经整流/限压变换为可供

配电终端使用的低压直流电的技术。电容限流可以采用单相或多相，但三相更合理。

采用电容限流供电，对高压电容器的要求较高，主要有以下两个方面：

（1）高电压耐受性能。因为产品需要长期接入10kV配电网并可靠工作，故电压耐受性能是基本条件。耐压要求是必须通过42kV持续1min耐压试验，无击穿、无过热。

采用高介电常数的新型陶瓷材料制造的高压电容器具有体积小、耐受电压高、介质损耗小等特点。虽然N4700陶瓷材料的介电常数更高，但电压耐受性能却不如Y5T，所以目前真正可以长期挂网运行的是采用Y5T材质的电容器。

（2）温度特性。电容器的电容量具有随温度变化而变化的特性，使用温度范围为-25～+85℃时，电容量的变化率为±28%，即温度低时电容量较大，温度高时电容量变小。

电容量必须满足限制电流后获取的功率足够配电终端及其通信模块正常运行并有适当余量，杜绝“入不敷出”。解决方案可以通过配电终端及其工作电源的低功耗设计和加大限流电容器的电容量来满足要求。而且，由于配电网线路上，尤其是分支或分段处电压可能有降低，环境温度升高时将造成电容量减少，这些都可能造成限流取电的功率不够，所以设计“余量”时需要全面考虑。

（二）TA取电技术

TA为电流互感器，采用TA取电的方式称为TA取电技术。

因为普通TA主要作为测量与保护使用，要求的是其二次电流随一次电流变化的线性度和准确度，而取电用的TA则需要小电流时即有较高电压输出，大电流时的输出电压又不能过高，否则会对终端设备造成损害。

配电终端新标准对TA取电方式的相关要求如下：

（1）取电TA开路电压尖峰值宜不大于300V，否则应加开路保护器。

（2）对TA感应供电回路应具备大电流保护措施，当一次电流达到20kA并持续2s时，配电终端不应损坏。

采用常规TA取电遇到的难题是，当一次负荷电流较小时取不到电，而一次电流太大时由于二次很高的感应电压有可能损坏设备。为此，取电TA不能采用传统的电工用冷轧硅钢薄板（俗称硅钢片）作为铁芯材料，而需要采用新型导磁材料。

微晶导磁材料的最大特点是起始磁导率高、易饱和、低矫顽力、低损耗及良好的稳定性，是目前市场上综合磁性能最优异的导磁材料。采用微晶导磁材料的铁芯制作取电TA，既可满足一次电流较小时的输出能量较大，又可满足大电流时的感应电压值不是太高，防止对配电终端的损坏，是比较合理的解决方案。

四、柱上式隔离开关的电动操控

随着智能电网和配电网自动化建设的快速推进，用户分界断路器的使用量越来越大。用户分界断路器是一种全新的10kV户外柱上式成套配电设备，包含真空断路器、控制器及柱上TV三大部分。由于用户分界断路器一般都需要外带隔离开关，而目前隔离开关的操作需要登上电杆进行，其安全性差和不方便的现实问题已经开始显现，所以实现柱上式隔离开关的不上杆电动操控成为必须。

（一）柱上式断路器外带隔离开关的作用

（1）为确保检修工作安全，需要有明显可见的电气隔离断口。因为柱上式断路器的分合闸状态都是依靠其操动机构上的分合位置指示器来判断和识别的，若分合位置指示器损坏或卡死，有可能造成误判，因此可能造成带电挂地线、人身触电等重大事故。所以越来越多的用户在选用柱上式断路器时，要求外带隔离开关，即将隔离开关串接在断路器的进线侧，与断路器组合成一体，而且要求隔离开关与断路器之间有可靠的防误机械联锁。

（2）提高断路器的绝缘安全性。12kV真空灭弧室触头开距仅为9±0.5mm，这么小的触头开距，一旦灭弧室发生漏气，动静触头间将很难满足绝缘要求。外带隔离开关可以提高断路器在分闸状态下的绝缘安全性，减少绝缘事故的发生。

（二）柱上式隔离开关电动操控的好处

实现隔离开关的不上杆操作，可以防控人身意外触电和高处坠落事故风险，减轻劳动强度，提高工作效率。

（三）柱上式隔离开关实现电控的前提

实现柱上式隔离开关的不上杆操控，需采用断路隔离器，并需具备以下条件：

（1）具有操作电源。电动操作机构的电动操控必须具有满足操作的动力电源。因为用户分界断路器都配置有柱上电压互感器TV，所以利用其提供电机运转控制可以保障，无须单独引入外电源。

（2）具有遥控收发器。要实现不上杆操作，必须依靠无线电遥控，而用户分界断路器配套的控制器（无论什么厂家的产品）都具有当地（短距离）无线遥控功能，可以实现地面操控。

（3）需要硬件结构保证。对用户分界断路器的闭锁装置结构稍作改动，不难实现用户分界断路器外带隔离开关的无线电操控。

（4）需要软件逻辑支持。以原用户分界断路器的控制器为硬件设备，在此基础上对软件逻辑（包括线路保护、接地选线、反送电防控、防误闭锁等功能模块及其相互间的对接关系）进行完善化编程，实现地面或远方操控指令信号的收发与控制不难实施。

（四）柱上式隔离开关实现电控的基本要求

（1）基本要求。柱上式隔离开关具有体积小、结构简单的特点，所以配套的电动操作机构也相应要求体积小、结构简单可靠，而且需要像断路器操动机构一样，既能手动，也能电动，且互不影响。

（2）需要手动离合。为实现既能手动也能电动，且互不影响，需要在手动操作时将电动齿轮脱开，即配用可便于手动操控的离合器。且该机构具有结构简单、可靠性高、体积小、成本低等特点，便于推广。

（3）需要增大电动力矩。户外断路器所带隔离开关的操作力矩较大，尤其是长期户外恶劣环境运行一段时间后，其操作力矩更大。所以机构的设计必须留有操作力矩裕度，确保操动的可靠性。

（4）保证机构箱的密封性。为保证电动操作机构工作可靠，需要采用不锈钢外壳加橡胶密封方式将电机、辅助开关、齿轮、离合器等部件全部密封，以满足长期、户外及南（北）方气候条件下的防雨、防尘、防晒等要求。

（5）具备完善的防误操作措施。为防止在断路器合闸状态时操作隔离开关，即带负荷拉合隔离开关的误操作，除保留原有的机械联锁功能外，还增加电气回路自动闭锁控制，以求实现防误操作“双保险”。

第三节　架空线路综合监测装置

一、架空线路综合监测装置功能

智能电网需要采用智能化设备及其智能化管理手段来支撑，架空线路综合监测是用于对配电线路实施带电显示、短路故障指示、负荷电流监测、超声波驱鸟等功能的一体化装置，俗称线路宝。

线路宝的防护功能主要体现在以下方面：

（1）线路带电显示。线路在线带电显示可直接明显告知配电运维人员该分支区段是否停电或分支开关跳闸，辅助故障定位、检修间接验电，防止带电挂接地线和误登有电线路及设备而发生触电。

（2）短路故障指示。根据线路网络结构需要配置鉴别性线路宝，在发生短路故障时，对应的故障线路区段和分支予以“指示”，将大大提高故障巡线工作效率。

（3）负荷电流监测。配电运维人员利用手持 PDA（Personal Digital Assistant，掌上电脑）通过无线电随时监测各处（主干及分支）配电线路负荷电流数值。PDA 所记录的位置和时间除监测线路负荷电流外，也对线路巡线人员的巡检路线和工作情况予以间接跟踪考核。

（4）超声波驱鸟。通过超声波技术，在不破坏生态平衡、不扰民的情况下驱鸟，避免鸟害导致线路短路或接地故障。

二、架空线路综合监测装置驱鸟原理

由于超声波的功率有限，为防止鸟禽在架空线路的杆塔横担处筑巢、歇落，且为了达到驱鸟效果，驱鸟器一般都需要安装在尽可能靠近杆塔横担处。驱鸟器内置有多种声效程序，并经随机组合和轮换方式自动进行播放，可使这种物理驱鸟方式效果长远有效。

超声波驱鸟必须要有一定的功率输出方能达到驱鸟效果，需要同时考虑好两个问题：一是供电问题，二是防盗问题。防止偷盗的最简单有效的办法是将驱鸟器悬挂于高压导线上，使驱鸟器与高压成等电位。这样一来，又需要解决驱鸟器的供电问题。

驱鸟器的几种供电方式比较如下：

（1）采用一次性电池供电，电路设计简单，但电池更换麻烦、不及时，涉及停电问题。

（2）采用变流取电方式和光伏电池供电，这两种方式都能同时解决供电和高压等电位（防盗）问题，但都有不足之处。体现在以下几个方面：变流取电方式安全性高、简单，但问题是当线路负荷电流长时间都很小的条件下，将不能满足供电、充电要求，有可能使驱鸟器失效或损坏；光伏电池供电方式虽然不受负荷电流影响，但当连续多日的阴雨天，即长期光照太低的条件下，蓄电池始终不能充电，“入不敷出”的结果是导致蓄电池损坏。

（3）采用直接取电的方式，防盗效果好、供电有保证，缺点是停电期间不能工作。

第四节　雷电定位系统

一、系统构成及用途

雷电定位系统主要由方向时差探测器、中央处理器、雷电信息系统三部分组成，用于对雷电活动的实时监测。其中雷电信息系统由计算机等硬件和雷电信息系统专用软件组成雷电分析显示终端，主要实现雷击点位置及雷暴运行轨迹的图形显示、雷电信息分析和统计。

雷电定位系统的管辖范围较宽，一般按省（州）域电网范围建立服务器，在各地市（县）分设专线用户终端工作站，通过C/S和WEB对系统数据进行管理，通过HTTP服务器访问获得雷电数据。

二、雷电系统监测内容

雷电定位系统实时监测的雷电活动参数包括雷电发生的时间、地点、幅值、极性、回击次数等。

三、雷电定位工作原理

方向时差探测器实时探测雷电波，将带有时差的雷电波传送给中央处理器，中央处理器对探测到的雷电波特征信息进行数字化处理后发给雷电信息系统。雷电信息系统对收到的数字化雷电信号进行系统分析处理，即根据雷电的经纬度，通过系列变换、计算、处理使其成为计算机屏幕图形坐标，并将雷击点及雷电参数定位在屏幕地图上的相应位置，供专业管理工作人员获取。

四、雷电定位系统应用

雷电定位系统信息按多层图层叠加方式显示，分别为地理层、雷电探测层、变电站层、线路层、雷电信息层、查询缓冲区层。

（1）地理层显示地理行政区域背景，如行政区界、省市点位、公路、村镇等一般地图信息。

（2）雷电探测层在地图区域中显示所有雷电探测站分布。

（3）变电站层在地图区域中显示变电站分布。

（4）线路层在地图区域显示线路分布图。可按电压等级进行分级显示控制，可选择显示线路杆塔号。

（5）雷电信息层在地图区域图形化显示实时雷电和查询雷电信息。

（6）查询缓冲区层生成各种所需对象，如线路走廊宽度、局部区域状况等。

目前，雷电定位系统主要用于66kV及以上线路，对雷击线路故障的故障杆塔进行定位研判和巡线指导，对35kV及以下配电系统可作为参考使用，有条件时可对雷电定位系统进行扩展应用。

第五节　污闪防护

一、污闪产生机理

电气设备绝缘常年暴露在自然环境下，大气中的导电颗粒粉尘污秽沉积在设备绝缘层上，将使绝缘性能降低，特别是潮湿天气，容易造成爬弧击穿而发生短路故障。由于雾霭中包含大量的导电尘埃，大雾可能引起大范围的闪络事故，尤其是沿海地区电网遭到污闪（雾闪）的概率相对较高，必须采取防污治污措施。

二、污闪事故预防

污闪事故主要的对象是线路绝缘子、变电站设备伞裙、防护绝缘子、设备伞裙。污闪事故主要采取以下措施：

（1）定期清扫设备外绝缘和绝缘子。

（2）采用防污涂料，利用其憎水性提高耐污水平。

（3）改变防污伞裙结构，增加爬距。

（4）采用耐污性能好的设备外绝缘磁件。

（5）使用合成绝缘子。

（6）开展防污技术监督，定期完善污秽图，指导防污治污工作。

第六节　电力线路巡检管理系统

一、电力线路巡检管理系统的意义

架空电力线路巡视检查是有效保证电力系统安全的一项基础工作，其目的是实地查看线路导线及其杆塔（包括基础和附属设施）运行状况和周围环境，及时发现和消除缺陷及安全事故隐患，以保证电力线路的安全运行。利用智能巡线管理系统可实现电力线路巡视的智能管理。智能巡线管理系统具有以下功能：

（1）客户端与手机终端任务的发送与接收。

（2）任务结果的地图查看。

（3）任务数据查询。

（4）权限管理。

（5）曲线报表。

二、电力线路巡检管理系统的构成

（一）系统构成

电力线路巡检管理系统由手持机（PDA）和后台机（PC）构成。

（1）手持机数量可根据需要配备，普通智能手机即可。

（2）巡检后台机为普通台式电脑，可与其他办公计算机兼用。

（二）手机在系统中的功能

用户利用手机进行线路巡检管理工作。手机在智能巡线系统的功能如下：

（1）接收巡检任务。巡检任务是运行人员在开展巡检工作之前，通过无线从GIS（Geographic Information System，地理信息系统）工作站平台上下载得到的巡检设备数据，巡检任务一般由值班负责人制定。巡检人员到达现场后，要完成巡检任务中指定的所有设备的巡检工作。同时，本次巡检出的异常设备将在系统中留下特殊标记，作为下次巡检的重点任务，供巡检人员重点检查。

（2）填写设备运行情况。巡检人员选择了某设备后，手机软件可以逐项显示对应该设备要巡检的所有项目，缺省的状态是“正常”，如果有运行异常，巡检人员可以用操作笔为该项目画“√”做标记，并且所有的项目状态都可以复选。对于数值型的项目，如温度和刻度等，可以直接录入数字。如果是上次巡检异常的项目状态，手机会初始显示该设备的上次异常值，以供本次巡检重点查看。电子地图可以显示电力设备（设施）的矢量电子地图，可以任意缩放和漫游。

（3）设备操作。在手机上对设备进行遥控和时间整定及定值操作。

（4）回传和保存巡检数据。结束巡检后，巡检人员将巡检结果传输到工作站中。本次巡检过程中有问题的设备将作为下次任务的重点显示内容。在回传的时候要检测此次任务执行的情况，并提示漏检的设备。

（三）电力线路巡检管理系统的工作流程

智能巡线管理系统工作的主要工作步骤如下：

（1）线路巡检工作人员持手持机到运行维护范围内线路的各个工作现场，利用手持机对设备运行信息进行拍照，记录设备运行状态信息。

（2）线路运行信息获取完毕后予以保存，将带有巡检信息的手持机带到有Wi-Fi的地方。

（3）将巡检信息利用Wi-Fi上传到后台机。

（4）管理人员对线路巡检信息进行分析，指导运检工作计划。

三、电力线路巡检管理系统的主要特点

1.特点

（1）利用普通手机取代PDA，一物多用，轻装便捷。

（2）直接利用智能手机的GPS定位功能，不需杆塔上附加其他设备即可确定巡线人员的到达地点与杆塔的各自位置。

（3）实现GPS与GIS（地理信息系统）的动态融合，准确、直观定位。

（4）可实现巡线智能管理、现场拍照等，具有日期、时间标识。

（5）与线路宝通信，读取线路宝监测电流、电压、SOE数据，实时掌握线路运行状况。

2.工作方式

系统利用无线传输巡检信息，其工作方式有以下两种：

（1）在开始工作前，通过无线信道或GPRS下载线路和设备的所有信息到手机上，然后进入工作现场，在工作中，将GPS位置和线路设备信息保存在手机上。工作结束时，将数据一起发送到控制中心服务器上。

（2）实时下载数据方式。当巡检人员进入线路或设备的指定范围内，手机自动下载该线路和设备的基本信息到手机，巡检后，数据又实时发送到控制中心。

第一种方式适用于野外GPRS信号不好的工作场所，第二种方式的优点是可以实现实时数据采集。

第七节　配变台区智能巡检

一、配变台区的基本特点

（一）配变台区基本构成

以配电变压器为核心的高压配电设备、低压配电设备及其计量装置等统称为配电变压器台区设备，俗称配变台区。也有的地区将变压器的低压配电线路及全部用户纳入配变台区管理范畴。

（二）配变台区的基本特征

（1）配变台区分布面广、数量大、位置分散、不定期有变更（位置变更、容量变化或数量增减等）和户外安装等特点，供电营业管理工作量大，可能会鞭长莫及、力不从心。

（2）一些偏僻、偏远地区（如农村），变压器被盗事件频发，不仅会造成用户停电损失和社会影响，也给供电单位造成财产损失和运维成本增加。

（3）配变台区的分布和环境决定其运行管理不可能设置有人值守，只有采用先进的技术手段才能使众多的配电变压器得以安全经济地运行。

二、配变台区的管理重点

（一）需要解决的问题

（1）设备管理不到位。由于变压器三相负荷不平衡而导致温度过高甚至烧毁，由于渗漏油而引起变压器长时间高温运行而导致使用寿命降低，由于外力破坏而导致变压器损坏，被盗现象时有发生。

（2）线损率高。窃电方式多而巧妙，需要降低线损率。

（3）负荷管理粗放。

（4）抄表和缴费管理劳动强度大。

（二）配变台区智能巡检的意义

（1）可以及时发现异常状况（如缺相运行、油位过低、油温过高等）并得到处理，因而可延长配电变压器的使用寿命，减少设备损坏和事故的发生，提高安全性和供电可靠性。

（2）可防止配电变压器长时间空载运行，降低不必要的损耗。

（3）可通过无功补偿和负荷调节进一步提高供电质量。

（4）可以及时发现台区计量故障或窃电，减少经济损失。电能计量装置是电能商品在售用过程中的“一杆秤”。台区计量对公用变压器而言，主要作用是供电企业内部实现台区线损考核；对专用变压器而言，是对外准确计费。窃电是一种有目的性的使计量装置产生人为故障的非法行为。计量装置无论发生自然故障还是人为故障，都将给供电企业带来直接经济损失，必须尽早发现并给予及时处理。

（5）可有效减少或防止配电设备被偷盗、破坏。

（6）节省人力资源，降低劳动强度。

三、配变台区智能巡检系统功能

（一）设备管理

（1）技术管理。根据《配电变压器运行规程》（DIL/T1102—2021）和配电专业管理要求，需对变压器等设备进行定期巡视、检查，要求尽快消除变压器的故障和事故，其中包括“立即停运”等措施。在智能配电网尚未建立完善之前，“立即停运”的控制时间还是一个相对的概念。

（2）安全管理。控制和制止外力破坏、设备被盗。

（二）计量、线损及缴费管理

1.防窃电管理

对于破坏正常计量（短接电流回路、开路电压回路、致使电能表慢转等）、绕表接电用电等窃电行为均可通过采用坚固的低压计量箱方式得以解决。

2.计量及线损管理

线损率是考核供电企业的一项综合性经济指标。采用“线损四分管理”，即分压、分区、分线、分台区管理，是降低线损率的有效方式。

3.集中抄表管理

实现台区统一集中抄表，可以避免由于时间差带来的线损统计误差，也可及时发现计量故障或窃电。

4.缴费管理

事先通知用户，限期不缴执行远方断电的方式，可避免电力职工与用户人员的正面冲突甚至肢体损伤。建立多种缴费平台，通过各种媒体引导用户及时自觉缴费。

（三）负荷管理

电力营销部门通过电力负控管理系统进行在线监测客户用电数据，实现以下功能：

（1）远程自动抄表。

（2）电力需求侧管理分析。

（3）实时告警和反窃电检测。

（4）为电费催收工作提供辅助控制手段。

（5）负荷预测。

（6）电能质量统计分析。

（7）配电网线损监测和分析。

（8）信息发布。

第八节　低压漏电防护

低压漏电防护是针对0.4kV低压用电回路的触电保护，通过采取绝缘、保护接地、安装使用漏电保护器等措施防止触电事故。漏电保护器可分为普通型和智能型两类，其中，普通型漏电保护器有电压型和电流型两种工作原理，当发生漏电时，漏电保护器动作跳闸。普通型漏电保护器一般用于终端用户，智能型漏电保护器即为剩余电流动作保护器，其功能要比普通漏电保护器齐全，应用范围相对较广。

一、剩余电流动作保护器的配置

在低压交流回路上使用AC型剩余电流动作保护器，可根据低压配电网结构配置三相式或单相式，配置为总保护、中级保护和户保三级。

（1）总保护安装在配电台区低压侧，采用三相式保护器，对整个配电台区实施触电保护。

（2）中级保护安装在总保护与户保之间的低压干线或分支回路，根据安装地点和接线方式采用三相式或单相式保护器。

（3）户保安装在用户进线处，根据用户电源接线情况采用三相式或单相式保护器。

二、剩余电流动作保护器的选用

各级剩余电流动作保护器的选择应根据负荷电流大小选择其额定电流，总保护的额定电流应根据配电变压器容量合理选择。选型原则应符合国家相关标准，可分为断路器型一体式、继电器型一体式、继电器型分体式，各项技术指标应满足标准要求。

不同型式的产品对应有相应的可选功能项，主要有以下几种：

（1）剩余电流保护。判断切除单相接地等情况下产生的剩余电流的故障。

（2）短路保护。判断切除相间短路和相间接地短路故障。

（3）过负荷保护。超过设定值告警或延时切断故障。

（4）断零、缺相保护。相线和零线断线故障切断或告警。

（5）过压、欠压保护。高于或低于设定的电压上、下限值时切断故障或告警。

（6）显示、监测、记录剩余电流。显示记录剩余电流、故障相位、跳闸次数等信息。

（7）显示、监测、记录负荷电流。显示额定电流和负荷电流数值。

（8）自动重合闸。实施一次自动重合闸（闭锁后须手动恢复）。

（9）告警。不允许断电的场合作为故障报警。

（10）防雷。配置防雷模块，保护本装置免遭雷击损坏。

（11）通信。具有本地或远程通信接口。

（12）远方操作。实现远程控制分合闸及查询运行状况。

（13）定值设置。对额定剩余电流动作值进行分档调节。

第九节　配电线路反送触电防护

一、现状

目前，配电线路反送触电措施主要有：进行安全教育，设置变压器台安全警示标志和防护网，检修作业执行“停电、验电、接地”技术措施，低压线路配置漏电保护器（或剩余电流动作保护器）等。这些措施在人体触电事故的预防和保护方面发挥了重要作用，但具有一定的被动成分，且检修人员常有侥幸心理，对验电和接地技术措施重视不够，不验电、不接地等习惯性违章现象时有发生，因而触电事故也屡发不绝。就装置而言，主动防护反送电触电事故的技术措施相对欠缺，因此，需要利用技术手段彻底解决配电线路反送电触电事故隐患。

二、解决方案

（一）高压反送电触电防护技术方案

配电拉手线路、高压用户的反送电电源对停电部分构成反送电威胁，可通过两种途径防控高压反送电：一是充分利用“反送电防护成套装置”借助变电站开关柜触电防护设备，对配电线路停电部分实施安全防护；二是在分段开关、分界断路器配装“反送电控保器”技术装备。

（二）低压反送电触电防护技术方案

低压用户端自备电源设备（包括双电源）对停电的低压线路、配电变压器及高压配电线路构成反送电威胁，可通过在配电变压器低压侧、用户端安装“反向开关”设备，防控反送电触电事故。

（三）作业安全技术措施

无论配电线路是否具有反送电防护装置，《电力安全工作规程》（GB 268599—2021）所规定的保证安全的技术措施必须严格遵守，这除了对两端变电站或用户端来电风险实施安全防控，还须对平行架设和交叉跨越线路的感应电、交叉跨越线路意外断落搭接触电事故予以防护，需要配合停电的邻近线路和交叉跨越线路应与检修线路同时停电。

有电报警式安全帽、报警式手表等应纳入安全措施标准内容，可对防范触电事故发生起到较大的作用。

第四章　新能源电力项目建设与管理

第一节　资源优化配置和调度

一、概述

随着新能源及电力行业的快速发展，发电企业陷入多项目管理带来的困扰之中，企业面临着多项目管理的挑战，多项目管理成为企业发展的瓶颈。多项目环境下，各项目在重要性、规模和进展情况等方面可能各不相同，但各项目共享企业有限的资源，项目间在能源、人力资源、资金等资源上存在竞争和冲突。故在项目组合的实施过程中，资源的配置效率是关键问题之一。项目组合资源配置的方法有很多，但不同方法产生的企业资源配置效果是有差异的。选择适用的项目组合管理资源配置方法，将有利于新能源发电企业项目的顺利实施和效益的实现。因此，选择最适合的资源配置方法将有效提高企业项目组合管理中的资源效率，减少企业多项目管理过程中的种种矛盾。

在项目导向型新能源发电企业中，资源配置的特点如下：

（1）基于企业战略目标，全面规划。进行企业资源配置时，必须基于企业战略目标，统筹兼顾，全面规划，以保证企业能合理投入资源，保证所有项目的顺利实施。

（2）全面管理，粗细结合。在多项目间配置资源是一项综合性的资源管理工作，在安排逻辑关系和各项项目时，需考虑资源的限制，遵循全面管理、粗细结合的原则；制定项目计划时，既要有基于企业层次的整体计划，又须制定详细的项目层次资源计划来保证项目的顺利实施。

（3）根据优先级配置资源。新能源发电企业同时承接多个工程项目，而各个项目的工期、规模、重要性等不尽相同，项目之间有共性或相关性或不相关，而资源是有限的，因此企业资源在多项目间配置时不能随机分配，而是根据优先级来确定资源配置。

国内外已有许多专家和学者提出了很多有效的方法，用以解决资源有限条件下企业多项目管理资源配置问题。例如，计划评审技术/关键路线法适用于单项目管理，主要解决资源在同一项目内不同工序之间的配置，不能解决项目流程中团队和项目间、职能部门之间的资源冲突问题，因此不能解决企业层面的资源冲突问题，而且网络计划技术忽视了不确定因素的影响。项目实施过程中往往会受到各种因素的影响，但由于网络计划对项目的严格定义，使得企业或项目部在项目管理过程中常忽视各种不确定因素，这既容易导致应对不确定情况时缺乏应变能力，也会导致资源浪费以及项目进度延迟。数学规划方法相比PERT/CRM等早期资源配置方法有所改进。其主要包括0-1型整数规划模型、动态规划模型和随机过程模型。0-1型整数规划模型思路简洁，有较为可行的计算机程序，但该模型用于企业多项目资源优化配置时，容易得到局部最优解而忽略了整体优化。动态规划模型进行多项目间调配资源需要考虑多种资源和社会需求约束，其求解过程很容易出现“维数灾”问题，而且难以设计统一的计算机应用程序，使动态规划方法在实际应用中受到限制。应用随机模型进行多项目间配置，实际的企业实践中很多情形和模型的假设条件并不相符，且其求解过程比较复杂，不利于进行实际运用。

综上所述，上述方法没有考虑资源约束和工期不确定性，不适用于项目组合条件下的资源配置。以色列物理学家及企业管理大师艾利·高德拉特将约束理论（Theory of Construction，TOC）应用于项目管理中，从而开创了一种既考虑资源约束又考虑工期不确定性的项目管理方法——关键链项目管理（Critical Chain Project Management，CCPM）方法，该方法包括约束理论和关键链理论两个概念。

二、约束理论的运用

约束理论是改善系统的思想与方法，由高德拉特博士和他的团队逐步发展并建立起来。高德拉特曾做过多年的管理咨询工作，在这个过程中，其发现每个企业在生产经营中总存在一些制约其发展的因素，阻碍企业降低成本、提高效益、增加收入。约束理论可应用于企业经营的各个环节，并有很多成功案例。

在约束理论中，将企业的每个项目看作一个子系统，那么项目组合就可以看作一个复杂系统。要针对这个复杂系统中的约束因素采取一定的措施，不断优化改进。约束理论的关键步骤：找出系统中的约束因素；针对约束，找出克服约束因素的方法，并制定改进方案；在项目进行中实施改进方案；在此过程中不断提高企业效益。当上述工作结束后，寻找新的约束因素，重复上述步骤，不断改进。

在项目组合的实施中，资源是最主要的约束因素，主要包括人力资源约束、资金资源约束和能源资源约束。人力资源约束主要表现在两个方面：一方面是负责项目组合的高层领导。其要具备相应的预测和规划能力，要制定合理的企业战略，否则项目组合在实施中将历经多次改动，浪费企业资源，直接影响项目组合的成功与否。另一方面是项目组合的有关实施人员。要求其具备企业主人翁意识和高度的责任感，时刻以大局为重，否则项目组合在实施过程中容易出现冲突，阻碍其顺利实施。资金约束同样也表现在两个方面：一方面是预算。项目组合预算合理，才能保证充足的资金供应。另一方面，在项目组合的实施过程中要合理地按规划使用资金才能保证资金及时到位，否则将严重制约项目组合的进一步实施。能源资源是能源电力建设项目组合中最重要的资源，丰富的可再生能源才能保证多个项目同时实施。

三、关键链理论的应用

（一）单项目关键链管理

关键链（Critical Chain，CC）理论是约束理论应用于项目管理领域而建立的全新项目进度和资源管理理论与方法。关键链是指在充分考虑任务的依赖性与资源约束等决定性因素的基础上，多项目管理中工期最长的路线。

关键链管理的基本思想可用曲线表示。曲线所表示的是在小于或等于横坐标上的时间内完成项目的可能性，其概率即图示中曲线与横坐标之间的面积大小。曲线图直观地表明，存在一个最小时间，在少于这个时间内完成项目的可能性为零。若完成的时间增多，则完成项目的概率将有所增加。峰值表示的是一个“最可能完工时间”。曲线的左端是一个绝对最短时间，峰值的右端是一段较平缓的曲线，意味着人们也可以在同等资源的情况下利用比平均时间长得多的时间完工。CCPM的研究者认为，大多数活动的持续时间估计都接近90%的准确度。从统计学的观点看，项目可能会在比估计概率提前的某个百分比完成项目。如果时间估计的可能性是50%，则有50%的可能性提前完成；如果时间估计的可能性是90%，将有90%的可能性提前完成，故50%～90%的时间为安全时间。

在单项目关键链调度过程中，有两个假设：一是使用同一种资源的多个项目必须在进度上交错，以避免资源冲突。二是使用尽可能晚的思想，一般情况下是提前开始进度，提前开始可以通过提前完成任务来降低项目风险，但这意味着所有非关键链上的任务都尽早开始。尽量晚开始思想是为了防止项目总体受输入路径延期完工的影响。考虑到输入缓冲，可将活动计划得尽可能晚开始。这种方法有利于项目经理集中于关键链活动和其他非关键链上的偶然事件。

（二）项目组合关键链管理

项目组合关键链管理比单项目关键链管理存在更多的不确定性。项目组合关键链管理致力于寻找起着关键作用的瓶颈资源，并采取有效措施对这些资源进行最优配置，而不是将关注点放置于所有资源。因此，项目组合关键链管理的目标是实现组织整体最优，而非局部最优。以下结合项目组合的综合效益最大、战略资源优化-工期延迟最小、企业战略性资源单位有效产出最大化的思想，来进行项目组合关键链管理。具体实施步骤：识别项目组合中的瓶颈资源；按关键链方法调度各单个项目，避免项目内的资源冲突；按照资源有限-工期最短确定工序优先级；按优先级交错各个项目，使得一种资源在同一时间段内不被多个项目同时占用，从而避免项目间资源冲突；设定缓冲区进行缓冲管理，分为项目缓冲（Project Buffering，PB）、输入缓冲（Feeding Buffering，FB）和资源缓冲（Resource Buffering，RB）。

项目缓冲设置在关键链的最后，来保证整个项目的交付期。这就确保了项目组合不受关键链上的单个工序（或项目）不确定性的影响。项目缓冲在项目进度计划中以活动的形式出现，但不给其分派工作。

输入缓冲的目的是在输入路径或与关键链合并的路径的最后使用缓冲，来保护关键链。只要有非关键链的工序（或项目）并入关键链，就要有输入缓冲。这样既可以防止关键链不受进入该链的工序（或项目）的干扰，又可以允许关键链上的活动在一切都顺利时提前开始。

确定缓冲时间大小有以下几种方法：缓冲的大小可以是路径上活动持续时间的90%估计与50%估计之间的时间差值的一半；高德拉特建议输入缓冲或项目缓冲的大小就是给缓冲之前的工序（或项目）根据1/2方法加上其工期的一半；将安全时间的平方和加总，然后用这个和的平方根来确定缓冲的大小。以上几种方法对于缓冲时间的估计存在各自的优越性和不足。第二种方法简单易行，但易出现缓冲区过大或者过小的问题。第三种方法适用于工序较多的情况，但容易忽视工序间的相关性。

资源缓冲是一种不占用关键链时间的缓冲。资源缓冲试图防止关键链受资源短缺的影响。只要资源在关键链上进行分配，并且该关键链上的前序活动由不同资源完成，就要设置资源缓冲。资源缓冲起着预警的作用。

对项目组合进行控制利用的是CCPM中的缓冲管理思想。

要注意分析两个值：一是项目组合缓冲的实际使用状况；二是关键链及非关键链的完工情况，应用比率值更加形象。故可将项目组合缓冲的实际使用情况与缓冲的计划值进行比较，得到缓冲使用率，将项目组合的实际完成情况和计划值进行比较，得到完工率，这两个比率反映了项目组合的进度和资源状况。根据这两个比率可采用Jerzy Stawicki的思想，将项目状态分为三个区域（该区域的划分可据项目组合负责人的经验来定），即A区、B区、C区：位于A区的项目处于良好状态，项目经理不需要采取任何措施进行调整；对于B区的项目，项目经理要给予一定的重视，设计恢复计划，分析缓冲区消耗较多的原因，并针对具体原因设计一定的措施；位于C区的项目，项目经理须提高警惕，该类项目耗用缓冲过多，已严重影响整个项目组合的进度，须立即执行项目恢复计划。缓冲管理是多项目组合管理在资源有限的条件下多项目优化调度的重要工具。

第二节　项目网络组合管理组织结构

组织结构在企业项目管理中至关重要，其发挥着决策、下达指令、信息沟通、协调矛盾和组织运转的重要作用，是项目成败的关键因素之一。项目组织的形式多种多样，每种组织形式都有其优点和缺点，也都有其适用的情况。没有通用的组织结构，也就无法论证哪种形式是最佳的。组织应采用怎样的结构需考虑其结构特点、企业特点、项目特点以及项目所处的环境等多种因素，因此，有必要采取具体问题具体分析的方法针对项目组合管理的特点进行组织设计。

一、组织结构设计

常见的项目组织结构有直线式、项目式和矩阵式，这三种经典形式有其各自的优点，然而当其应用于多项目组合管理时却存在诸多局限性。例如，项目协调难度大，多重领导造成的指令冲突和目标不一致，项目经理权责不对等，等等。

（一）项目组合管理对企业组织结构的要求

针对资源有限性问题，多项目组合管理对企业组织结构提出了以下要求：

（1）面向任务，项目驱动。传统的组织结构是刚性化的，必须按照事先规定好的精确的规则来开展工作，这种组织结构很难对当今复杂多变的社会环境中的变化做出迅速反应。因此，企业的组织结构应不断向以任务和项目为导向的形式转变，使组织结构能够对市场、技术等方面的变化做出迅速反应。

（2）有利于多项目间资源的平衡和协调。资源的有限性和有价性决定了企业同时运转的多项目间在能源、资金、人力等资源方面存在既共享又竞争的关系。传统的刚性组织结构很难实现资源在多项目间的平衡。为了最大限度地满足各个项目对资源的需求，以保证最大限度地发挥资源的效率，实现多项目组合管理目标，组织结构必须有利于资源在多项目间的平衡和协调。

（3）化解职能部门与项目部门间的冲突，提高组织效率。传统组织结构存在以下因素降低了组织效率：在多项目管理中，由于资源的有限性，职能部门很难同时满足各项目的需求，因此职能部门与项目部门之间容易产生矛盾和冲突；团队成员受职能部门和项目组的多重领导，易产生重复性工作；项目经理责大权小，导致项目经理不能充分调动资源。尽量减少项目部门和职能部门的冲突是设计组织结构时所必须面对和解决的问题。

（二）矩阵式组织结构主要优势

新能源建设项目包括多种新能源，开发主体对每种新能源的开发利用也不会只局限于单个项目。由于能源建设项目周期一般较长，这时就会出现多个项目同时进行的局面。相应地，开发主体组织形式必须适应对多项目的协同管理。

矩阵式组织结构能够在一定程度上满足管理方对多项目的协同管理。图中，横线代表同一种新能源的各个开发项目，竖线代表各个职能部门。矩阵式组织结构符合电力企业发展变革的需要，主要优势为：

（1）纵横结合的网状结构既满足了企业职能部门的管理需要，又使项目团队能独立地完成项目，提高了工作效率，使企业在变革中平衡稳定地发展。

（2）企业可以在短时间内汇聚来自各个职能部门的人才，组成团队，既高效率地完成项目，又使员工得到锻炼和学习职业技能，增强信息交流，提升企业的管理水平。

（3）企业可根据项目需要对资源优化配置，各职能部门的人员可在项目间流动，可同时参与几个项目，也可专职做好一个项目，降低企业成本，提高企业工作效率。

（4）项目团队是临时性、一次性的，从各职能部门抽调人员，完成项目之后项目团队就会解散，人员会被重新分配给其余资源缺乏的项目。

但矩阵式组织结构中，职员受项目经理和职能部门经理的双重管辖，多头领导易造成混乱。

针对项目网络组合管理的特点及多项目资源配置对组织结构的要求，本书对矩阵式组织结构加以改良，设计了项目组合管理组织结构，由总经理、副总经理、总经济师和总工程师组成项目网络组合管理委员会，负责战略层工作；项目管理办公室针对各职能部门和项目部统筹管理层工作的开展；各职能部门经理和项目经理进行项目组合管理的具体实施。为了避免多头领导所造成的混乱，所有横向的项目经理和纵向的职能部门主任都归项目网络组合管理委员会、项目管理办公室管辖。矩阵式组织结构中，职工接受项目主管和职能部门的双重领导，且职能部门的权力大于项目部门，以避免项目团队之间因竞争高素质专业人才而引起纷争，从而实现资源共享以及最大限度地利用资源要素。职能经理考虑的是职工和企业的需要，特别是职工的个人发展、薪酬、职业发展等方面，而项目经理只考虑项目是否成功，只关注项目需要。

二、组织结构职责分析

结合新能源项目导向型公司的结构特点、企业特点、项目特点以及项目所处的环境等多种因素设计了项目组合管理组织结构。该结构中设置了项目管理委员会、项目管理办公室、各职能部门，只有各部门、各成员相互配合，职责分明，才能发挥决策、下达指令、信息沟通、协调矛盾和组织运转的重要作用，保证项目组合管理的顺利实施。

综上所述，本书设计的组织结构有如下优点。

（1）有利于实现战略一致性。从公司战略出发，依据公司战略进行资源分析和优先级的制定，从而对项目进行评估和选择，制定项目组合计划，有利于确保最后的项目组合能够真正反映公司的战略。

（2）有利于整合企业的内外部资源，实现资源在多个项目间的共享。采用以项目为导向进行管理的方法，构建以项目为载体的动态资源网络。在企业外部，根据企业的战略意图和资源现状等，进行业务外包或业务延伸；在企业内部，根据项目组合的实际运行情况，动态地调整资源的种类和数量。这样有利于根据项目的需要，整合企业内外部资源，实现资源在多项目间的共享，提高资源利用效率。

（3）权责分明，有利于项目经理权责对等。项目管理委员会从全局出发，制定公司战略，确定优先级并协调各项目间的资源冲突。项目管理办公室制定项目组合计划，并平衡项目组合，优化资源配置。项目部制定项目计划，协调项目内部资源冲突。各部门权责分明，命令统一，化解了多项目间的资源冲突，使项目计划具有可行性。

（4）促进项目间的沟通协调，有利于实现多项目整体最优。项目管理委员会站在企业的高度，根据各项目的重要性和优先级，协调多项目间的资源冲突。项目管理办公室负责多项目资源配置整体计划的平衡和优化，实现多项目整体最优。

第三节　项目网络组合管理模式及流程化设计

随着低碳经济得到越来越多的重视和我国电力经济改革的不断深入，电力项目管理的压力越来越大，传统的项目管理手段已不能有效管理现有的新能源电力项目。多项目所带来的管理成本增加、项目进度拖沓等诸多问题，已经影响我国加快新能源电力建设的步伐，制约我国国民经济的发展。新能源电力项目群需要引入新管理体系来提高项目管理的有效性，满足新能源电力发展的战略目标。随着千万千瓦级风电基地、太阳能光伏发电清洁能源基地、新农村生物质能源工程以及包括核电开发建设项目等在内的系列新能源工程的全面展开，各大国有发电集团甚至民间资本以此为契机，纷纷进入能源发电领域。新能源项目日益增多，各投资人势必将同时面临多类项目集的投资组合、投资决策，以及多个项目建设过程中的资源配置、优化组合问题。传统的项目管理方式不能及时发现与企业目标发生偏差或超越企业执行和控制能力的项目，因此，从新能源电力企业的实际需求出发，设计一套符合实际情况的、简约的、易操作的能够提高企业项目管理效率及资源有效利用率的新能源电力项目组合管理模式是十分必要的。

一、项目管理模式对比分析

项目组合管理是一种新的项目管理方法。

（一）项目管理

1.项目管理的概念

项目作为一种复杂的系统工程活动，往往需要耗费大量的人力、物力和财力，为了在预定的时间内实现特定的目标，必须推行项目科学管理。项目管理作为一种管理活动，其历史源远流长。自从人类开始进行有组织的活动，就一直在执行着各种规模的项目，从事着各类项目管理实践。如我国的大飞机专项工程、

"嫦娥号"探测器探月工程、"天眼"FAST工程、北斗卫星项目等，都是经典的项目管理活动。

项目管理，从字面上理解应是对项目进行管理，即项目管理属于管理的大范畴，同时指明了项目管理的对象是项目。"项目管理"一词有两种不同的含义，其一是指一种管理活动，即一种有意识地按照项目的特点和规律，对项目进行组织管理的活动；其二是指一种管理学科，即以项目管理活动为研究对象的一门学科，它是探求项目活动科学组织管理的理论与方法。前者是一种客观实践活动，后者是前者的理论总结，前者以后者为指导，后者以前者为基础。就其本质而言，二者是统一的。正确理解项目管理，首先必须对其概念内涵有正确的认识和理解。由于管理主体、管理对象、管理环境的动态性，不同的人对项目管理有不同的认识。

项目管理就是以项目为对象的系统管理方法，通过一个临时性的专门的柔性组织，对项目进行高效率的计划、组织、指导和控制，以实现项目全过程的动态管理和项目目标的综合协调与优化。

项目管理贯穿项目的整个生命周期，对项目的整个过程进行管理。它是一种运用既规律又经济的方法对项目进行高效率的计划、组织、指导和控制的手段，并在时间、费用和技术效果上达到预定目标。

项目经理负责单个项目管理，其管理内容主要包括进度、质量、费用三大方面。由于只管理单个项目，该管理模式战略层次较低，时间较短，使得项目管理者之间缺乏信息交流，且单个项目的管理很难促进企业的长远发展。

2.项目管理特点

项目管理与传统的部门管理相比，最大的特点是项目管理注重综合性管理，并且项目管理工作有严格的时间期限。其主要特点总结如下：

（1）普遍性。项目作为一次性的任务和创新活动，普遍存在于社会生产活动之中，现有的各种文化物质成果最初都是通过项目的方式实现的，现有的各种持续重复活动是项目活动的延伸和延续，人们各种有价值的想法或建议最终都会通过项目的方式得以实现。由于项目的这种普遍性，项目管理也具有了普遍性。

（2）目的性。一切项目管理活动都是为实现"满足甚至超越项目有关各方对项目的要求与期望"。项目管理的目的性不但表现在要通过项目管理活动去保证满足或超越项目有关各方已经明确提出的项目目标，而且要满足或超越那些尚未识别和明确的潜在需要。例如，建筑设计项目中对建筑美学很难定量和明确地提出一些要求，项目设计者要努力运用自己的专业知识和技能去找出这些期望的内容，并设法满足甚至超越这些期望。

（3）独特性。项目管理的独特性指项目管理既不同于一般的生产运营管理，也不同于常规的行政部门管理，它有自己独特的管理对象和活动，有自己独特的管理方法、技术和工具。虽然项目管理也会应用一般管理的原理和方法，但是项目管理活动有其特殊的规律性，这正是项目管理存在的前提。

（4）集成性。项目管理的集成性指把项目实施系统的各要素，如信息、技术、方法、目标等有机地集合起来，形成综合优势，使项目管理系统总体上达到相当完备的程度。相对于一般管理而言，项目管理的集成性更为突出。一般管理的管理对象是一个组织持续稳定的日常性管理工作，由于工作任务的重复性和确定性，一般管理的专业化分工较为明显。但是项目管理的对象是一次性工作，项目相关利益者对项目的要求和期望不同，如何将项目的各个方面集成起来，在多个相互冲突的目标和方案中作出权衡，保证项目整体最优化，是项目管理集成性的本质所在。经过半个多世纪的理论总结和千百年的实践探索，现今项目管理已经有固定的管理模式和方法，即按十大知识领域对具体项目进行有效管理。

项目管理必须通过不完全确定的过程，在确定的期限内产出不完全确定的产品，日程管理和进度控制常对项目管理产生很大的压力。具体来讲，这表现在以下几个方面：

（1）项目管理的对象是项目或被当作项目来处理的运作。项目管理是针对项目的特点而形成一种管理方式，因而其适用对象是项目，特别是大型的、比较复杂的项目；鉴于项目管理的科学性和高效性，有时人们会将重复性的“运作”中的某些过程分离出来，加上起点和终点当作项目来处理，以便于在其中应用项目管理的方法。

（2）项目管理的全过程都贯穿着系统工程的思想。项目管理把项目看成一个完整的系统，依据系统论“整体—分解—综合”的原理，可将系统分解为许多责任单元，由责任者分别按要求完成目标，然后汇总、综合成最终的成果。同时，项目管理把项目看成一个有完整生命周期的过程，强调部分对整体的重要性，促使管理者不要忽视其中的任何阶段，以免造成总体效果不佳甚至失败。

（3）项目管理的组织具有特殊性。项目管理的一个最为明显的特征就是其组织的特殊性。其特殊性表现在以下几个方面：

①有了“项目组织”的概念。项目管理的突出特点是项目本身作为一个组织单元，围绕项目来组织资源。

②项目管理组织的临时性。由于项目是一次性的，而项目的组织是为项目的建设服务的，项目终结了，其组织的使命也就完成了。

③项目管理组织的柔性化。所谓柔性，即是可变的。项目的组织打破了传统的固定建制的组织形式，而是根据项目生存周期各个阶段的具体需要适时地调整组织的配置，以保障组织的高效、经济运行。

④项目管理组织强调其协调控制职能。项目管理是一个综合管理过程，其组织结构的设计必须充分考虑到有利于组织各部分的协调与控制，以保证项目总体目标的实现。因此，目前项目管理的组织结构多为矩阵结构，而非直线职能结构。

3.项目管理的核心内容

（1）项目管理的三个约束条件。任何项目都会在范围、时间及成本三个方面受到约束，这就是项目管理的三大约束。项目管理就是以科学的方法和工具，在范围、时间、成本三者之间寻找到一个合适的平衡点，使项目所有相关方都尽可能地满意。项目是一次性的，旨在产生独特的产品或服务，但不能孤立地看待和运行项目。这要求项目经理要用系统的观念来对待项目，认清项目在更大的环境中所处的位置，这样在考虑项目范围、时间及成本时，就会有更为适当的协调原则。

①项目的范围约束。项目的范围就是规定项目的任务是什么。作为项目经理，首先必须搞清楚项目的商业利润核心，明确把握项目发起人期望通过项目获得什么样的产品或服务。对于项目的范围约束，容易忽视项目的商业目标，而偏向技术目标，导致项目最终结果与项目相关方期望值之间的差异。

项目的范围可能会随着项目的进展而发生变化，从而与时间和成本等约束条件产生冲突，因此面对项目的范围约束，主要是根据项目的商业利润核心做好项目范围的变更管理。既要避免无原则地变更项目的范围，也要根据时间与成本的约束，在取得项目相关方一致意见的情况下，合理地按程序变更项目的范围。

②项目的时间约束。项目的时间约束就是规定项目需要多长时间完成，项目的进度应该怎样安排，项目的活动在时间上的要求，各活动在时间安排上的先后

顺序。当进度与计划之间发生差异时，如何重新调整项目的活动历时，以保证项目按期完成，或者通过调整项目的总体完成工期，以保证活动的时间与质量。

在考虑时间约束时，一方面要研究因为项目范围的变化对项目时间的影响，另一方面要研究因为项目历时的变化对项目成本产生的影响。同时，还需及时跟踪项目的进展情况，通过对实际项目进展情况的分析，提供给项目相关方一个准确的报告。

③项目的成本约束。项目的成本约束就是规定完成项目需要花多少钱。对项目成本的计量，一般用花费多少资金来衡量，但也可以根据项目的特点采用特定的计量单位来表示。关键是通过成本核算，能让项目相关方了解在当前成本约束之下所能完成的项目范围及时间要求，了解当项目的范围与时间发生变化时，会产生多大的成本变化，以决定是否变更项目的范围，改变项目的进度，或者扩大项目的投资。

在实际完成的许多项目中，多数项目只重视进度，而不重视成本。一般只是在项目结束时，才让财务或计划管理部门的预算人员进行项目结算。一些内部消耗资源性的项目往往不作项目的成本估算与分析，使得项目相关方认识不到项目所造成的资源浪费。因此，对内部开展的一些项目也要进行成本管理。

由于项目是独特的，每个项目都具有很多不确定性的因素，项目资源使用之间存在竞争性，因此除了极小的项目，许多项目很难最终完全按照预期的范围、时间和成本三大约束条件完成。项目相关方总是期望用最低的成本、最短的时间来完成最大的项目范围，这三个期望之间是互相矛盾、互相制约的。项目范围的扩大会导致项目工期的延长或需要增加加班资源，会进一步导致项目成本的增加，同样，项目成本的降低也会导致项目范围的限制。作为项目经理，就是要运用项目管理的十大领域知识，在项目的五个过程组中，科学合理地分配各种资源，尽可能地实现项目相关方的期望，使他们获得最大的满意度。

（2）项目管理的五个过程。项目管理的五个过程——启动、计划、实施、控制与收尾，贯穿项目的整个生命周期。对于项目的启动过程，特别要注意组织环境及项目相关方的分析，而在后面的过程中，项目经理要抓好项目的控制，控制的理想结果就是在要求的时间、成本及质量限度内完成双方都满意的项目范围。

（二）项目组合管理

项目组合管理从高层决策者的角度，对同时运营的多个项目进行选择优化，即根据组织拟定的战略选择合适的项目形成项目组合，并将项目为组织带来的收益作为优先级进行资源分配，使资源能够被合理地利用，从而发挥资源的最大效益，同时保证项目组合与组织战略高度一致，促进企业的长远发展。

二、项目组合管理模式研究

管理模式是一整套具体的管理理念、管理内容、管理工具、管理程序、管理制度和管理方法论体系，并将其反复运用于企业，使企业在运行过程中自觉地加以遵守的管理规则。为了实现项目目标和战略目标的一致性、有限资源的优化配置，本节根据项目管理的思想将项目组合管理过程划分为不同阶段，构建“基于企业战略的项目组合管理流程”模式，分为战略审定、项目组合定义、项目组合计划、项目组合执行和控制、项目组合评估五个阶段。其中，战略审定阶段是前期准备阶段，为项目组合定义阶段提供项目评估和筛选的依据；项目组合定义阶段是将战略和项目有机结合起来的最重要时期；项目组合计划、项目组合执行和控制以及项目组合评估阶段是按顺序展开的作业；项目组合评估阶段不仅要对项目组合管理流程进行评估，提供改善意见，还要对企业总体状况进行重新评估，为企业的战略目标的调整提供依据。此模式为循环结构，在循环过程中企业的项目组合管理不断优化，管理水平和效率可以不断提升。

三、项目组合管理流程化设计

在战略审定阶段，主要是通过企业内外环境的分析，制定新的战略或审定企业当前的战略，判断战略是否与企业当前的环境相适宜。若存在偏差，采取一定手段进行调整。在项目组合定义阶段，首先应根据项目组织的综合情况来界定要进行组合管理的对象，即项目及项目相关工作，清楚其基本问题和范围等，然后依据项目组织的战略目标等对要进行组合管理的对象进行分类和评估，最后从已完成评估的项目清单中选择适当的项目（选择合适的项目是项目组合最基本、最重要的一步），进而进行项目优选评价对项目进行分类。在项目组合计划阶段，首先要编制项目组合计划，然后根据优先级进行项目组合平衡，需要结合战略目标、项目组织的承载能力、组合五大风险目标及组合的实施绩效来分配资源，保证在组织预先定义的期望风险程度范围内实现新能源项目组合的效益最大化。在项目组合执行和控制阶段，执行主要是采取团队建设、信息沟通和合同集管理等方式，按照项目组合计划开展工作，以完成项目组合任务，并通过投入、转换、对比、反馈和纠正等基本控制活动进行控制地实施，最终确保项目组合管理的所有工作朝着项目组织战略发展。在项目组合评估阶段，要不断地考察项目组合的绩效情况，评估项目组合管理流程，并对项目组合作出整体评价，给项目组合平衡及企业战略的调整提供可靠的依据。

按战略目标分解的思路构建的“战略目标导向性流程”，有利于保证项目目标与企业战略目标的一致性；注重流程全过程的管理，流程各环节衔接有力，有利于提高管理效率；构建较为合理、客观的项目组合评判标准，同时建立优先级排序标准和方法，有利于高层管理者做出正确的决策，使资源得到合理的配置；理顺项目与项目之间、项目各阶段之间以及各流程之间的逻辑关系，有利于资源在部门间的共享。

第四节　项目网络组合管理运行保障机制

“基于企业战略的项目组合管理流程”模式可以实现战略一致性和资源的优化配置，提高管理效率，但仅仅依托良好的管理模式和管理流程还不够，必须建立配套的运行机制来保障各项工作的顺利开展和实施，管理模式的优势才会得以发挥。因此，本书建立适用于管理层及实施层的协调机制、风险预警机制和动态绩效管理机制，以进一步完善管理层及实施层的控制工作，保障企业战略目标的实现。

一、协调机制

协调机制是指为了实现管理目标而使行为主体之间形成相互联系、良性互动的一系列制度安排。协调机制适用于管理层的项目组合平衡及实施层的相关调控工作。在项目组合管理中，协调机制具体是指依托项目组合管理委员会，在项目间按照资源共享、顾全大局、降耗增效的原则协调物与物、人与物、人与人之间的关系，从而实现项目组合战略目标的组织行为过程，包括和谐文化、项目组合协调激励机制、项目组合协调机制和信息沟通机制。

（一）和谐文化

和谐文化是一种非正式、无结构的协调机制，是指通过项目组合文化的熏陶使得项目组合中不同资源需求的各个部门、成员对该文化产生认同感，通过情感纽带促成项目组合内部成员之间的相互信任、依赖、目标一致，从而使得各部门、成员在进行决策时都从项目组合的整体利益出发。当项目组合在执行过程中发生偏差及出现资源冲突时，各部门、各项目部主动服从公司总体战略及项目组合优先级，及时进行调整，从而实现从上至下的战略一致性。

（二）项目组合协调激励机制

项目组合协调激励机制是指在项目组合实施的过程中，当项目部之间存在资源冲突，进行项目组合平衡时，给予为项目整体利益做出让步的项目部一定的奖励，以激励其及其他项目部门在项目组合今后的运行中都能自发做出正确的决策，从而减少协调冲突所需的资源，实现资源效益的最大化。

（三）项目组合协调机制

项目组合协调机制是指在整个项目生命周期内实现项目各参与方之间的项目组合信息在组织内部和组织之间进行共享、交换和传递的过程，以调动企业一切相关力量，使之紧密配合与协作，最终实现企业战略目标，保证项目组合的顺利实施。项目组合协调机制包括对竞争性目标进行评估和管理，如对企业战略目标和短期细化目标的平衡、对新能源项目风险和效益的管理、对新能源开发技术的平衡等，而对于资源约束下的项目组合要进行组合内协调。该机制适用于项目组合的实施过程。项目组合是一个动态过程，应根据项目组合的执行情况不断进行调整，如将贡献低、效益低的项目从组合中删除，从而将资源留给那些能带来更大效益的新能源项目，保证项目组合处于最优状态。

项目组合协调是项目计划、实施、控制等的基础。该机制包括以下几个方面。

（1）制定协调计划。每个项目、项目组合都应有一个与之相应的协调计划，主要包括五方面内容：

①详细规定收集和储存各类项目信息的方法，统一信息、文档格式并固定存放位置。

②明确各种信息的接收对象、发送时间和发送方式。

③确定传递重要项目信息的格式。

④创建信息日程表，该表记录重要协调信息的发送时间及重要协调的发生时间，确保不会延误重要的项目组合沟通协调过程，协调计划编制时要与项目组合计划联系在一起。

⑤明确协调目标，包括项目组合在执行过程中的目标偏差情况、资源冲突情况等，以及预期通过协调得到的结果。

（2）采取协调措施。进行协调、信息沟通的方式很多，要确保协调需要的项目信息及时传送给项目、项目组合相关参与人。协调措施包括项目会议、复印文件发送、共享的网络电子数据库、电视会议等。

（3）编制协调执行报告。协调执行报告一般应包括进度计划、成本、质量、资源使用状况等信息。协调执行报告包括收集和发布的执行信息，向项目相关人提供为达到项目目标如何使用资源的信息。这些信息有助于项目相关人了解目前项目资源的使用情况及项目的进展情况，以便安排下一步的协调管理工作。

（四）信息沟通机制

信息沟通机制是指各项目部应根据项目实际情况向项目管理办公室申请完成项目所需的资源，并当项目间存在资源冲突时及时向项目管理委员会汇报，使项目管理委员会及时掌握各个项目最新的资源需求和使用状况，并对资源分配的有关信息进行收集、存储、整理和处置，建立相应的信息平台，在管理层间适当公开企业资源状况及其分配情况。该机制也适用于项目组合的实施过程。

二、风险预警机制

预警机制是指通过能够灵敏、准确地昭示风险前兆，并能够及时提供警示的制度、措施等构成的预警系统。其作用是利用信息超前反馈，及时布置，防风险于未然。在资源约束条件下的项目组合管理中，风险预警对战略目标实现有着决定性作用，可以加强对项目及项目组合的控制，可以减少风险对项目组合管理的影响，避免或降低损失，增加组合管理的经济效益，节约成本。因此，本节首先针对项目组合面临的风险设计了预警机制，由目标、方法、信息和过程四个元素构成了风险预警的有机整体。风险预警机制可用于管理层的项目评价，也可用于实施层的相关工作。预警机制的设计如下。

（一）风险识别

进行风险识别的第一步是列初步清单，列出客观存在和潜在的各种影响项目组合管理顺利实施的风险，包括技术风险、市场风险、财务风险、管理风险、外部风险等，然后根据清单内容推测与各类风险相关联的各种合理的可能性后果，最后制定风险预测图。

（二）风险评价

首先尽可能全面地收集风险评价所需要的风险信息。信息收集是关键的一步，直接关系到风险评价工作的质量。然后建立风险评价指标体系并确定各指标的权重，并采用定量方法来确定各风险的影响程度。在项目组合管理的实施过程中会不断地产生新的风险，因此风险评价是一个动态过程，要定期或不定期地对潜在风险重新评估，明确主要风险。管理层的风险识别及评价工作主要用于判别各备选项目的风险程度，以判定其是否可以进入项目组合；实施层的风险识别及评价是为了保障项目组合的顺利实施，以预测各种可能出现的风险并做好预防工作。

（三）风险处理措施

风险的处理方法多种多样，如：风险控制，包括损失控制、风险回避、风险分离、风险转移、风险分散等；财务措施，包括风险的财务转移、风险自留、风险准备金、保险等。针对不同风险的特点应采取相应的风险处理方法。风险处理实质上也是一种调控措施，以减少费用、进度、环境、质量、安全目标及资源使用情况的偏差。

三、动态绩效管理机制

动态绩效管理主要体现的是对项目及项目组合的绩效进行考核，是区别于静态考核的管理机制。该方法基于以下基本假设：

（1）各个项目之间具有一定的差异性，这种差异性体现在项目风险、项目利润率、项目的难易程度等方面。企业须根据这些差异方面将项目划分等级，高级别的项目规模大，利润率和风险也较大。相对于低级别的项目，项目组合实施者更愿意参加高级别的项目。

（2）对项目收益状况可以从两部分进行分析，项目的预期收益和实际收益。对项目的评价不能仅从项目总收益来衡量绩效，而要从既定战略的角度衡量预期目标与实际目标之间的关系，从而反映项目组合的挖掘潜力的效果。

动态绩效管理机制是指组织依照预先确定的目标和一定的评价程序，运用科学的评价方法，按照评价的内容和标准对评价对象的工作能力、工作业绩进行定期或不定期的考核和评价，判定其是否达到预期目标。若存在偏差，采取一定措施加以改进。动态绩效管理机制主要用于管理层编制项目组合计划及实施层相关评审与控制工作，以巩固企业的战略目标。

在编制项目组合计划时，要结合企业的项目组合战略专门编写相关的绩效目标，分为项目的绩效目标及员工的绩效目标，将各项工作细化到个人。绩效目标有两大作用：一方面将员工工作与公司战略相结合，使员工明确个人在组织中所承担的责任及其工作的重要性，从而增强员工的责任感；另一方面，绩效目标的确立使今后实施过程中的监控工作有据可依，同时激发了员工的工作积极性。

在项目组合的实施过程中，要对项目、项目组合的实施状况及员工的工作状况同步地进行实时评审，将评审结果与绩效目标相对比，得出量化的偏差，并以该偏差为依据进行调控工作。该机制的特点是将项目及项目组合的绩效与员工工作绩效相挂钩，即与员工的绩效薪酬相联系，更好地激发员工的工作热情。

由于新能源项目的特殊性，其绩效管理机制也应与传统项目的绩效管理机制有所区别。本节针对新能源项目的特点，基于动态绩效管理的思想，设计新能源项目的绩效管理机制。从项目阶段划分，该机制包括项目建设前期、建设期、运营期的绩效管理及项目组合的绩效管理；从内容上看，该机制包括绩效管理流程和绩效管理系统，且该流程大体分为绩效计划、绩效实施、绩效考核与考核结果的运用，与项目组合计划、项目组合的实施及项目组合的评审与控制一一对应。将项目组合的管理工作系统化，可以有效地保障企业的项目组合战略目标的逐步实现。具体来说，应当遵循以下原则：

①提高项目绩效考核的连续性和有效性。对项目组合绩效评价需要持续一段时间，并形成组合管理绩效案例库，为后续组合管理提供绩效考量的定量标准。同时，绩效考核要实事求是，对于低于预期的项目组合绩效同样需要客观评价，分析原因，提出改进措施。

②增强项目组合管理的科学性。动态绩效评价需要重视评价指标的全面性，从经济性、对企业的战略价值等多个角度进行分析，有利于企业长远发展，并重视个人与团队绩效考核。组合管理是一种交流管理，需要有效的协调机制。

③增强动态绩效考核的可操作性。在绩效考核指标全面的基础上，还要增强考核的可操作性，避免实施过程中被评价者和评价者出现难以评价或者评价指标模糊不清的情况。因此，这也是提倡开发组合管理信息化平台的重要原因，能够提高绩效考核的可操作性。

第五章　新能源中的风力发电技术

第一节　风力发电的原理和使用设备

一、风力发电的原理

风力发电是利用风力带动风车叶片旋转，再通过增速机将旋转的速度提升，来促使发电机发电。即把风的动能转换为机械动能，再把机械动能转换为电力动能。依据目前的风车技术，大约3m/s的微风便可以开始发电。

因为风力发电没有燃料问题，也不会产生辐射或空气污染，因而正在世界上形成一股热潮。风力发电在芬兰、丹麦等国家很流行，我国也正在西部地区大力提倡。小型风力发电系统效率很高，但它不是只由一个发电机头组成的，而是一个有一定科技含量的小系统。通常人们认为风力发电的功率完全由风力发电机的功率决定，总想选购大一点的风力发电机，其实这是不正确的。目前的风力发电机只是给蓄电池充电，而由蓄电池把电能贮存起来，人们最终使用电功率的大小与蓄电池容量大小有更密切的关系。功率的大小更是主要取决于风量的大小，而不仅是机头功率的大小。在内地，选用小的风力发电机会比大的更合适，因为它更容易被小风量带动而发电，持续不断的小风会比一时狂风供给的能量更多。当无风时，人们还可以正常使用风力带来的电能。使用风力发电机就是源源不断地把风能变成人们家庭使用的标准市电，其经济程度是很明显的，一个家庭一年的用电量只需20元充蓄电池电解液。

二、风力发电系统及设备

风力发电装置是将风能转换为电能的机械、电气及其控制设备的组合，通常包括风轮、发电机、变速器及有关控制器和储能装置。

风力发电机组的单机容量范围为几十瓦至几兆瓦。

典型的风力发电系统通常由风能资源、风力发电机组、控制装置、蓄能装置、备用电源及电能用户组成。风力发电机组是实现由风能到电能转换的关键设备。

由于风能有随机性，风力的大小时刻变化，因此，必须根据风力大小及电能需要量的变化，及时通过控制装置来实现对风力发电机组的启动、调节（转速、电压、频率）、停机、故障保护（超速、振动、过负荷等）以及对电能用户所接负荷的接通、调整及断开等操作。

储能装置是为了保证电能用户在无风期间内可以不间断地获得电能而配备的设备。另外，在有风期间，当风能急剧增加时，储能装置可以吸收多余的风能。

为了实现不间断地供电，有的风力发电系统配备了备用电源，如柴油发电机组。

（一）风力机

风力机是集风装置，它的作用是把流动空气具有的动能转变为风轮旋转的机械能。一般风力发电机的风轮由2个或3个叶片构成。叶片在风的作用下，产生升力和阻力，设计优良的叶片可获得大的升力和小的阻力。风轮叶片的材料因风力发电机的型号和功率大小不同而定，如玻璃钢、尼龙等。

风力机根据结构形式及在空间的布置，可分为水平轴式或垂直轴式。风力机的风轮轴与地面呈水平状态，称水平轴风力机。风轮转轴与地面呈垂直状态的风力机叫垂直轴风力机。虽然目前垂直轴风力机尚未大量商品化，但是它有许多特点，如不需大型塔架、发电机可安装在地面上、维修方便及叶片制造简便等，对它的研究也日趋增多，各种形式不断出现。

风力发电中采用的风力机，在结构形式上，水平轴式与垂直轴式都存在，但数量上水平轴式的风力机占绝大多数，达98%以上，垂直轴式的主要是达里厄型，并主要在北美国家（美国、加拿大）使用。这两种型式的风力机都已制出单机容量为300、500、600、750kW及MW级以上，并且风力机多为三叶片、下风向式的。但兆瓦级以上的大型风力机也有采用两个叶片的。为了在高风速时控制风力机的转速及输出功率，水平轴风力机普遍采用全翼展或1/3翼展（靠近叶尖处的1/3叶片长度）桨距控制或叶片失速控制。

为了保持风力机在不同风况下运行稳定，风轮必须有调速装置。调速装置主要有两种：一种是叶片桨距固定，当风速增加时，通过辅助侧翼或倾斜铰接的尾翼或其他气动机构使风轮绕垂直轴回转，以偏离风向，减少迎风面，从而达到调整的目的；另一种是叶片的桨距可以变化，当风速变化时，利用气动压力或风轮旋转产生的离心力，使桨距改变，实现调速。大型风力机常用伺服电机来变桨距。

（二）调向机构

当风轮叶片旋转平面与气流方向垂直时，也即迎着风向时，风力机从流动的空气中获取的能量最大，因而风力机的输出功率最大。风力发电机中调向器的功能是尽量使风力发电机的风轮随时都迎着风向，从而能最大限度地获取风能。除了下风式风力发电机，一般风力发电机几乎全部是利用尾翼来控制风轮，尾翼安装在比较高的位置上，这样可以避开风轮尾流对它的影响。尾翼的材料通常采用镀锌薄钢板。

通常直径6m以下的小型水平轴风力机常用的调向机构有尾舵和尾车，两者皆属于被动对风调向。风电场中并网运行的中大型风力机则采用由伺服电动机驱动的齿轮传动装置来进行调向，伺服电动机是在风信标给出的信号下转动。伺服电动机可以正反转，因此可以实现两个方向的调向。为了避免伺服电动机连续不断地工作，规定当风向偏离风轮主轴±10°～±15°时，调向机构才开始动作。调向速度一般为1°/s以下，机组容量越大，调向速度愈慢，如600kW机组为0.8°/s左右，而1MW机组则为0.6°/s左右。这种方式的调向属于主动对风调向。大型风力机也有采用电动调向的，测定风向与电动调向用微机自动控制。

（三）发电机

微型及容量在10kW以下的小型风力发电机组采用永磁式或自励式交流发电机整流后向负载供电及向蓄电池充电，容量在100kW以上的并网运行的风力发电机组应用同步发电机或异步发电机。

同步发电机所需励磁功率小，仅约为额定功率的1%，通过调节励磁可以调节电压及无功功率，可以向电网提供无功功率，从而改善电网的功率因数。但同步发电机在阵风时因输入功率有强烈的起伏，瞬态稳定性较差，通常需要采用变桨距风力机，以使得瞬态扭矩能被限制在同步发电机的牵出扭矩之内。同步发电机还需严格的调速及同步并网装置。

在具有大容量同步发电机装机容量和低感抗的网络中，采用配有异步发电机的风力发电机组与电网并联运行有较大的优点。异步发电机由于结构简单、价格便宜且不需要严格的并网装置，可以较容易地与电网连接，因此允许其转速在一定限度内变化，可吸收瞬态阵风能量。但异步发电机需借助电网获得励磁，加重了对电网的无功功率的需求。

在综合比较同步及异步发电机的基础上，现代中型及大型风电场中的风力发电机组绝大多数选用异步发电机，并针对异步发电机自身的特点与风力为随机性的特点，在技术上做了改进与发展。主要措施是：

采用双速异步发电机（定子绕组数一般为4/6极，其同步转速分别为1500r/min及1000r/min）。在风力较强（高风速段）时，发电机绕组接成4极运行；在风力较弱（低风速段）时，发电机绕组换接成6极运行。这样可以更好地利用风能，增加发电量。

为克服异步发电机接入电网时产生冲击电流，采用“晶闸管软并网”方式，即将异步发电机通过双向晶闸管与电网连接，由微处理机发出信号控制晶闸管的导通角，使其导通角逐渐加大，异步发电机就可以经过晶闸管平稳接入电网，而不产生冲击电流。

（四）升速齿轮箱

风力机属于低速旋转机械，所采用的变速齿轮箱是升速的。其作用是将风力机轴上的低速旋转输入转变为高速旋转输出，以便与发电机运转所需要的转速相匹配。升速传动装置的升速比对风力发电机组的性能及造价有重要影响，选择高升速比或低升速比各有优劣，但选择过高或过低的升速比都会增大齿轮箱造价。合适的升速比应通过系统的方案优化比较来选定。现在大中型风电场中单机容量在600kW～1MW的风力发电机组中齿轮箱的速比为1∶50～1∶70，而齿轮箱的组合形式一般为3级齿轮传动，有时3级全采用螺旋斜齿轮传动，有时则采用1级行星齿轮及2级螺旋斜齿轮传动，也有采用1级行星齿轮及2级正齿轮传动的。

（五）塔架

塔架是风力发电机的支撑机构，也是风力发电机的一个重要部件。水平轴风力发电机组需要通过塔架将其置于空中，以捕捉更多的风能。

广泛使用的有两种类型塔架，即由钢板制成的锥形管式塔架和由角钢制成的桁架式塔架。考虑到便于搬迁、降低成本等因素，百瓦级风力发电机通常采用管式塔架，稍大的风力发电机塔架一般采用由角钢或圆钢组成的桁架结构。

管式塔架塔筒直径沿高向上逐渐减小，一般沿高由2～3段组成，在塔架内装有梯子和安全索，以便于工作人员沿梯子进入塔架顶端的机舱，塔筒表面经过喷砂处理和喷刷白色油漆用于防腐。桁架式塔架也装有梯子和安全索，便于工作人员攀登，为防止腐蚀，桁架经过热浸锌处理。锥形筒状塔架外形美观，对于寒冷地区或在大风时工作的人员沿塔筒内梯子进入机舱比较安全方便，控制系统的控制柜（包括主开关、微处理机、晶闸管软起动装置、补偿电容等）皆可置于塔筒内的地面上，但塔筒较重、运输较复杂、造价较高。桁架式塔架由于质量较轻，可拆卸为小部件运到场地再组装，因此造价较低。桁架式塔架由螺栓连接，没有焊接点，因此没有焊缝疲劳问题，同时它还可承受由于风力发电机组调向系统动作时施加于整个结构上的轻微扭转力矩，但桁架式塔架需在其旁边地面处另建小屋，以安放控制柜。

（六）控制系统

100kW以上的中型风力发电机组及1MW以上的大型风力发电机组皆配有由微机或可编程控制器（PLC）组成的控制系统来实现控制、自检和显示功能。其主要功能是：

（1）按预先设定的风速值（一般为3～4m/s）自动启动风力发电机组，并通过软启动装置将异步发电机并入电网。

（2）借助各种传感器自动检测风力发电机组的运行参数及状态，包括风速、风向、风力机风轮转速、发电机转速、发电机温升、发电机输出功率、功率因数、电压、电流等以及齿轮箱轴承的油温、液压系统的油压等。

（3）利用限速安全机构来保证风力发电机运行安全。当风速大于最大运行速度（一般设定为25m/s）时实现自动停机。失速调节风力机是通过液压控制使叶片尖端部分沿叶片枢轴转动90° 从而实现气动刹车。桨距调节风力机则是借助液压控制使整个叶片顺桨而达到停机，也属于气动刹车。当风力机接近或停止转动时，再通过由液压系统控制的装于低速轴或高速轴上的制动盘以及闸瓦片刹紧转轴，使之静止不动。

（4）故障保护。当出现恶劣气象（如强风、台风、低温等）情况、电网故障（如缺相、电压不平衡、断电等）、发电机温升过高、发电机转子超速、齿轮及轴承油温过高、液压系统压力降低以及机舱振动剧烈等情况时，机组也将自动停机，并且只有在准确检查出故障原因并排除后，风力发电机组才能再次自动启动。

（5）通过调制解调器与电话线连接。现代大型风电场还可实现多台机组的远程监控，从远离风电场的地点读取风电场中风力发电机组的运行数据及故障记录等，也可远程启动及停止机组的运行。

（七）储能装置

风力机的输出功率与风速的大小有关。由于自然界的风速是极不稳定的，风力发电机的输出功率也极不稳定。这样一来，风力发电机发出的电能一般是不能直接用在电器上的，先要储存起来。目前蓄电池是风力发电机采用的最为普遍的储能装置，即把风力发电机发出的电能先储存在蓄电池内，然后通过蓄电池向直流电器供电，或通过逆变器把蓄电池的直流电转变为交流电后再向交流电器供电。考虑到成本问题，目前风力发电机用的蓄电池多为铅酸蓄电池。

（八）其他

除去上述风力机、齿轮箱、发电机、塔架、控制系统等主要部件外，风力发电机组上还装有联轴器、防雷装置、冷却装置、机舱盖及机舱基础底板等。

第二节　风力发电的运行

风力发电的运行方式可分为独立运行、并网运行、风电场、风力–柴油发电系统联合运行、风力发电–太阳电池发电联合运行及风力–生物质能–柴油联合发电系统等。

一、独立运行

通常是由一台小型风力发电机向一户或几户提供电力，用蓄电池蓄能，以保证无风时的用电。3～5kW以下的风力发电机多采用这种运行方式，可供边远农村、牧区、海岛、气象台站、导航灯塔、电视差转台及边防哨所等电网达不到的地区利用。

二、并网运行

风力发电机与电网连接，可向电网输送电能及向大电网提供电力，并网运行是为了克服风的随机性带来的蓄能问题的最稳妥易行的运行方式，也是风力发电的主要发展方向。10kW以上直至兆瓦级的风力发电机均可以采用这种运行方式。

三、风电场

该运行方式是在风能资源丰富的地区按一定的排列规则成群安装风力发电机组，组成集群，少的3～5台，多的可达几十台、几百台，甚至数千上万台。风电场内风力发电机组的单机容量为几十千瓦至几百千瓦，也有达到兆瓦以上的。

风电场一般选在较大盆地的风力进出口或较大海洋湖泊的风力进出口等，具体体现在高山环绕盆地（或海洋或湖泊）的狭谷低处，或有贯穿环山岩溶岩洞处，这样就可获得较大的风力。一般需要达到两个要求：一是场址的风能资源比较丰富，年平均风速在6m/s以上，年平均有效风功率密度大于200m/m^2，年有效风速累积时间（3 ~ 25m/s）不小于5000h；二是场地面积需达到一定的规模，以便有足够的场地布置风力发电机。风电场大规模利用风能，其发出的电能全部经变电设备送往大电网。

四、风力–柴油发电系统联合运行

该系统由风力发电机组、柴油发电机组、蓄能装置、控制系统、用户负荷及耗能负荷等组成。各发电、供电系统既能单独工作，又能联合工作，互不冲突。采用风力–柴油发电系统可以实现稳定持续的供电。这种系统有两种不同的运行方式：

（1）风力发电机与柴油发电机交替运行。

（2）风力发电机与柴油发电机并联运行。

五、风力发电–太阳能电池发电联合运行

该系统是一种互补的新能源发电系统，风力发电机可以和太阳能电池组成联合供电系统。风能、太阳能都具有能量密度低、稳定性差的弱点，并受地理分布、季节变化及昼夜变化等因素的影响。我国属于季风气候区，冬季、春季风力强，但太阳辐射弱，夏季、秋季风力弱，但太阳辐射强，两者能量变化趋势相反，因而可以组成能量互补系统，并给出比较稳定的电能输出。这种运行方式利用了自然能源的互补特性，增加了供电的可靠性。

六、风力–生物质能–柴油联合发电系统

该系统是在风力–柴油发电系统基础上增加了更多功能的联合系统，在有生物质能的地方，将柴油发电系统直接接入沼气、天然气或生物柴油等可燃气体或液体，就可以使柴油发电机工作并发电。

第三节　风力发电的现状与未来发展

一、风力发电现状

（一）风电机组装机容量不断提升

风力发电使用的能源更清洁，获得这种能源也较方便，因此国内外对风电的关注度一直很高。近年来，国内外学者在风电技术研究方面取得了巨大成就，这些成果分布在风电技术的各个方面，包括风电机组装机容量。此外，近年来全球风电机组装机容量不断呈上升趋势。

（二）风力发电机组的制造和运行技术更加成熟

风力发电机组是整个风电系统的核心设备，也是风电相关技术研究的重点。西班牙、美国、德国等陆续对原有风力发电机制造工艺进行了改革，并在其运行机制中加入了新技术。通过优化风电设备叶片、发电机和控制容量，帮助风力发电机组在发电系统中的运行控制从恒速恒频转向变速恒频。风力发电机组的制造和运行技术更加成熟，现有的风力发电机能在发电中获取比以往更多的风能，并在原有的风能利用效率上取得一定突破，使其变得更高。

（三）风电联网运行的研究正在逐步深入

风电研发的最终目标是将其大规模接入电网，从而在一定程度上替代传统的火力发电，并为电网覆盖区域提供电力供给。但由于风电本身的可控性较差，接入电网后易干扰整个电网的运行，无法保障电力供给。近年来，风电研究人员在对风电联网运行研究时，通过控制风电能源特性来预测接入电网后会产生怎样的影响，然后采取相应措施来改造风电和电网本身。目前，该领域的研究已逐步深入，也有如低电压穿越技术等成果。

二、当前风电发展存在的问题

（一）对可用风能的评价不够准确详细

风力发电迄今尚未大规模应用的原因是，风电发展仍存在一些技术桎梏。以我国风电发展为例，虽然已脱离了最初探索阶段，但仍存在许多问题。我国对可用风能资源的评价不够准确详细，对可用风能资源的评价能帮助相关人员开展风能的后续开发利用、风电系统的设计，甚至电网的进一步规划等。只有在评价阶段充分了解可用风能，后续规划才能减少问题，风能资源才能在整个发电系统中发挥最大作用。

（二）风力发电缺乏自主创新技术

因我国的风电技术落后于国际水平，许多风电技术所有权不在我国研究人员手中。缺乏自主创新技术阻碍了我国风电的进一步发展，例如，我国风电机组设计需国外先进技术的支持才能顺利运行，一旦国外拒绝提供技术支持，整个风电领域将陷入极被动的状态。在未来的风电发展中，若我国不积极开展风电技术的自主创新，只能依靠国外的引进，而这种依赖会随着时间的推移变得更加根深蒂固，甚至导致我国风电发展进入倒退阶段。

三、风力发电未来的发展趋势

（一）风电机组结构向紧凑化发展

风力发电的主要设施是风电机组，随着风电机组的研究日渐成熟，风电机组单机容量已达到相对较高的数值，基本能满足风力发电需求。在风电机组的下一步研究中，研究人员将专注于改进结构，以帮助风电机组的整体机构变得更加紧凑，这样风电机组体积能更小，这将使安装和运输更加方便。另外，风电机组也朝着更轻量化方向发展，例如，通过在机组叶片制造中使用具有更好性能的复合材料，整个风机系统能在传递风能时更高效。

（二）智能控制技术将用于风电运行

风电系统中总是存在严重的随机扰动，其用人工控制弱化这些问题显然不太可能。随着信息技术和各种自动化控制技术的出现与不断革新，一些学者受到启示提出了风电系统运行的智能控制策略。通过使用计算机技术和算法等知识来跟踪、分析风电系统的运行，然后通过特定的调整方式来调节系统中的随机扰动。此外，在风电机组制造过程中，通过智能化控制，能在一定程度上提高机组的运行寿命和可靠性。种种迹象表明，智能控制技术将在风电发展中得到更广泛的应用。

（三）低电压穿越技术有助于电网和风电更加契合

随着我国风电的日益发展，风电机组与电网的交集机会越来越多，风电电源在电网中的比例越来越大，这意味着两者间的冲突只会越来越严重。为有效减少这一矛盾，风电可在不影响电网运行稳定性的情况下，将更多的电能接入电网，所以迫切需要大力发展低电压穿越技术。在目前的发电发展阶段，虽然已对该技术进行了研究，但尚未真正大规模应用于风电系统的控制运行。在风电的未来发展中，相关研究人员需不断完善这项技术，帮助其尽快得到有效应用。

（四）风电在空间上从陆地发展到海上

对风电的研究表明，由于环境、风能等因素的影响，陆地风电系统在达到一定极限后将很难突破，至少目前的技术研究还未看到突破极限的希望。海上的风力比陆地更强，并且能长期保持在相对稳定状态，这意味着海上可用的风能资源将比陆地的多得多。因此，在风电未来发展中，从业者将把研究重点从陆上风电转向海上风电，以期为风电行业带来更高的年发电量。

第四节　海上风力发电的发展前景

一、海上风力发电技术现状及优势

海上风力发电技术，顾名思义，是利用海上风能资源进行发电的技术。通过利用海上风能，制造电能，应用于社会经济发展和人们的生活中，进而减少国家电力资源压力。自2016年，我国海上风力发电建设规模逐渐扩大，发展速度逐渐超过陆上风力发电，同时海上风力发电的建设数据也在不断提高，2020年，我国海上风力发电建设规模达到1000万千瓦，累计容量达到500万千瓦以上。现阶段，我国的海上风力发电场的风机已经全面覆盖了无过渡段单桩基础技术，有效减少了海上风力发电工程的成本支出，进一步推动了我国海上风力发电事业的发展。海上风力发电工程项目发展的同时，其评价和审核速度也有所提高。与陆上风力发电相比，海上风力发电技术的优势主要表现在以下几个方面：

（1）风况稳定。与陆地风相比，海上风速受高度变化影响较小，在建设塔架时，其高度较低，能够降低建设成本。

（2）风湍流强度较小，在使用过程中，风力发电机组受到的压力较小，疲劳度低，使用寿命较长。

（3）发电量高。海上风速高于陆地风速，因此，使用同样发电机组时海上风力发电能够产出较多电量。此外，海上环境受噪声影响很小，因此海上风力发电能够使用较高的叶尖速比，进而加大发电量产出，避免降低噪声使用传动系统增加发电成本。

（4）能与多种能源有机结合发挥效用。海洋中蕴含着波浪能、温差能、盐能等多种能源，海上风力发电能够将这些能源结合，进而充分发挥海洋资源作用，推进保护生态环境。

二、海上风力发电技术分析

在电机结构方面，需结合点击的受力情况进行结构力学分析，而后科学合理地设计点击结构。在优化电机质量时，需要合理配置轴向长度和间隙比值，并以保障电机性能为基础，可将设备材质替换为较轻的材质。与此同时，在运输与安装环节，可通过膜化结构将流程进行一定程度的简化，进而提高电机安装效率。

在实现高叶尖速度比的技术上，当前大都使用大型叶片，能够更好地采集。叶片的材质和型号影响发电机的整体质量，因此，在海上风力发电技术应用中需要注重叶片质量，确保叶片质量达到强度标准。目前，一些新型高强度轻质材料能够很好地应用于叶片制造中，如环氧碳纤维树脂材料，该种材料强度较高，性能好，能够在很大程度上减少生产和安装成本。

在冷却系统方面，永久磁体去磁一般采取强制风冷或液冷方式进行冷却降温，这样能够避免温度变化造成电机结构变形问题，但在风冷过程中对风量需求量极大，加上海风中包含无机盐物质，在发电时可能会腐蚀风机设备，因此，在冷却系统设计方面一般采取液体冷却方式，这种方法导热性能较好，能够防止电机变形或受到腐蚀。

随着海上风力发电规模的扩大，输电并网技术也逐渐取得较快发展，但在运用中也存在许多问题。通过星形连接的风机虽然能够减少变压器的使用，但这种技术在应用中缺乏稳定性，与串联型连接风机技术相比，其稳定性较差，在使用中还需要通过多重集电平台的支持，因此，在实际施工中会产生较大的工作量。现阶段，海上风力发电项目大都采用串联型连接技术，在连接风机时，能够考虑到海底电缆综合设计和布局，从而使得变电站靠近风场几何中心，提高输电效率。

在风电机组控制方面，作为风力发电中的动态系统，风电机组控制技术主要目标在于两个方面：一方面是利用风电机组采集最大化的风能，另一方面是在风电机组控制过程中，综合考虑风能转换效率与风电机组动态负荷之间的平衡。在海上风力发电机组控制中，首先需要给机组每个设备配置传感器和远程监控系统，进而实现对风电机组的远程动态实时监控，防止机组出现疲劳荷载引起事故；其次，在机组控制中，必须综合分析周边环境因素的影响，如台风、盐腐蚀、雷击等因素，通过实时在线监控，对可能出现的变动影响因素进行提前预防，进而实行风电机组智能化控制，减少故障。

三、海上风力发电技术发展趋势

（一）新型海上风力发电机日益发展

在海上风力发电项目中，对发电场的建设将更多地关注风机基础。当前，随着科学技术的发展，单机容量明显增加，一些小型发电机逐渐被淘汰，取而代之的是一些新型大功率发电机，在海上风电应用中发挥着更加重要的作用。在这个过程中，海上风电机也将得到不断优化，其安装成本可通过一定方式降低，如减少桨叶数量。除此之外，风力发电机防腐设备也将持续发展，面对海上潮湿环境，通过防腐设备能够更好地避免设备机组受到腐蚀。这些都将在很大程度上促进海上风力发电事业的进一步发展完善。

（二）先进的海上风力发电技术

在现有的海上风力发电场中，桩基式技术应用较为广泛，主要通过单桩或导管架式固定于海底，其海底固定方式主要通过风机、塔筒、吊索、支架、电力传输系统、锚泊线以及Spar平台等多种组成部分完成，风机与塔筒通过箭头式支架连接，Spar平台上坐落着塔筒，平台上连接着锚泊线，从而固定在海底。这种形式在施工中流程较为简单，并且没有过高的技术要求，但是该种技术在应用中，在平台底部还有潮流能发电机，水深超过六十米时会增加该种结构的成本。加上海风、海水以及风机荷载的影响，采用该种技术对海床工程地质要求较高，同时随着单机容量的不断增加，该种技术的应用经济性不高。正因如此，在海上风电技术中，又出现了导管架、单立柱三桩、多桩承台式等多种桩基式技术。随着海上风电规模的扩大，漂浮式海上风力发电技术应运而生。漂浮式海上风电机组主要通过浮动平台来支撑，利用系泊系统将其连接到海床，从而减小海床地形及水深对机组的影响，同时利用智能技术进行海上发电建模、荷载控制等方面的设计，提高海上风力发电建模数据的准确性，实现智能化控制风电机组。漂浮式海上风力发电技术适用范围广且成本低，将更好地应用于海上风力发电项目中。

（三）海上风力发电向深远海风力发电拓展

海上蕴含着丰富的风能资源，充分利用该项资源能够在很大程度上减少碳排放，保护生态环境。随着海上风电规模的扩大，海上风机的容量和尺寸也逐渐加大，深远海风电逐渐成为海上风电的发展趋势。在拓展深远海上风力发电规模的过程中，漂浮式海上风电技术的应用至关重要。漂浮式风机具有其特殊的结构，与传统海上风机相比，漂浮式风机能够承受更为复杂的荷载。在漂浮式风机发展过程中，还需进一步加大对新型并网送出方式的研究力度，从而提高海上风电产出利用效率。其中，优化集电系统是研究重点。在海上风机单机容量进一步增大的情况下，35kV集电系统正在逐渐向66kV集电系统趋势发展。由于电缆的充电电流和电容效用，工频交流系统的输电距离受限，加上过电压问题较为严重，因此，加强对无功配置的研究十分重要。可加强对风电机组自身的无功控制，从而给系统提供电压支撑，增加故障穿越能力。

第六章　新能源源网荷储研究分析

第一节　源网荷储一体化推广效果与问题

一、源网荷储一体化概述

（一）定义

发挥源网荷储一体化协调优势，推进能源设施多能互补，通过优化整合本地电源侧、电网侧、负荷侧资源要素，以储能、自控等先进技术和体制机制创新为支撑，将能源网络中生产、传输、存储、消费等环节互联互通，实现多种能源的协同转化与集成调配，为构建源网荷高度融合的新一代电力系统探索发展路径。“十四五”期间，开展省级、县市级和园区级源网荷储一体化、多能互补等模式建设，探索电源、电网、负荷和谐发展新途径。

（二）电力源网荷储一体化的意义

（1）强化源网荷储各环节间协调互动，实现统筹协调发展，有助于提高清洁能源利用率、提升电力发展质量和效益。

（2）优先利用清洁能源资源，充分发挥水电和火电调节性能，适度配置储能设施，调动需求侧灵活响应积极性，可全面推进生态文明建设。

（3）发挥跨区源网荷储协调互济作用，有利于推进西部大开发形成新格局，改善东部地区环境质量，促进区域协调发展。

（三）电力源网荷储一体化的具体实施路径

在具体实施上，源网荷储一体化要求充分发挥负荷侧的调节能力，实现就地就近、灵活坚强发展，以及激发市场活力，引导市场预期。在实施路径上，源网荷储一体化包括区域（省）级、市（县）级、园区（居民区）级三个层次的具体模式。

1.区域（省）级源网荷储一体化

（1）引入电源侧、负荷侧、独立电储能等市场主体，全面开放市场化交易，通过价格信号引导各类市场主体灵活调节，培育用户负荷管理能力，提高用户侧调峰积极性。

（2）加强全网统一调度，研究建立源网荷储灵活高效互动的电力运行与市场体系，充分发挥区域电网的调节作用，落实电源、电力用户、储能、虚拟电厂参与市场机制。

2.市（县）级源网荷储一体化

（1）在重点城市开展源网荷储一体化坚强局部电网建设，梳理城市重要负荷，研究局部电网结构加强方案，提出保障电源以及自备应急电源配置方案。

（2）结合清洁取暖和清洁能源消纳工作开展市（县）级源网荷储一体化示范，研究热电联产机组、新能源电站、灵活运行电热负荷一体化运营方案。

3.园区（居民区）级源网荷储一体化

（1）运用技术手段和“互联网+”新模式，调动负荷侧调节响应能力。

（2）在城市商业区、综合体、居民区，依托光伏发电、并网型微电网和充电基础设施等，开展分布式发电与电动汽车（用户储能）灵活充放电相结合的园区（居民区）级源网荷储一体化建设。

（3）在工业负荷大、新能源条件好的地区，支持分布式电源开发建设和就近接入消纳，结合增量配电网等工作，开展源网荷储一体化绿色供电园区建设。

（4）研究源网荷储综合优化配置方案，提高系统平衡能力。

二、源网荷储一体化实施推广

（一）深化能源领域改革

（1）进一步提升政务服务水平。进一步探索和完善可再生能源项目，特别是分布式可再生能源的投资管理及电网接入流程，提升服务水平。加强电网和电源规划统筹协调，衔接网源建设进度，保障风电、光伏发电等可再生能源项目的有效消纳。进一步减轻可再生能源开发建设中的不合理负担，调动各类市场主体投资可再生能源项目的积极性。

（2）优化和完善市场推进机制。加快构建适应可再生能源发展的现代能源市场体系，充分发挥市场在资源配置中的决定性作用，建立主体多元、公平开放、竞争有序的可再生能源市场体系。健全可再生能源开发建设管理机制，建立以市场化竞争配置为主、竞争配置和市场自主结合的项目开发管理机制，探索可再生能源参与市场化交易形成上网电价，完善可再生能源市场化发展机制。

（3）加强行业安全生产管理。牢固树立安全发展的理念，增强安全生产意识，严格执行“三同时”制度。加强可再生能源开发利用安全气象保障工作，降低气象灾害造成的事故和损失。强化安全生产检查，深化可再生能源项目建设和运营风险隐患排查治理，夯实安全生产基础，确保可再生能源项目安全稳定地运行。

（二）构建新型电力消纳机制

（1）逐步构建以新能源为主体的新型电力系统。增强系统调峰能力，积极开展抽水蓄能、燃气机组以及新型储能等调峰电源建设，进一步推动煤电机组深度调峰改造，推动新型储能技术发展应用。加强电网规划建设，加快可再生能源项目配套送出及电网加强工程协同，进一步完善电网主网架，积极推进沿海第二通道和过江通道等建设，提高北电南送输电能力，畅通绿电能流，提升电网对高比例可再生能源的消纳能力。推动配电网扩容改造升级，着力打造适应大规模分布式可再生能源并网和多元负荷需要的智能配电网，全面提升可再生能源消纳能力。

（2）着力推动可再生能源消纳模式创新。探索建设新一代电网友好型可再生能源电站，合理确定风光储配比，探索和完善可再生能源配置储能的市场化商业模式和共享共建模式，提高可再生能源系统的稳定性和电网友好性，保障可再生能源高效消纳利用。探索开展规模化可再生能源制氢示范，实现季节性储能和电网调峰，推进化工、交通等重点领域的绿氢替代，提升能源资源利用效率和绿色化水平。

（3）强化源网荷储一体，促进多能协同。培育可再生能源发展的新模式、新业态，重点在消纳条件好、发展潜力大、渗透率高的地区，推进以可再生能源为主、分布式电源多元互补、与储能和氢能等深入融合、无须大电网调峰支撑的新能源微电网、多能互补、“源网荷储一体化”等能源新业态，增强与电网的友好互动，实现源、网、荷、储的深度协同，探索电力能源服务的新型商业运营模式，提高能源综合利用效率，建立多源融合、供需互动、高效配置的能源生产和消费模式。

三、实施推广存在的问题

随着可再生能源技术进步和产业化步伐的加快，可再生能源取得了跨越式发展，展现出良好的发展前景，但随着应用规模的不断扩大，在发展过程中也面临诸多挑战，主要表现在以下方面：

（一）土地资源约束趋紧

可再生能源长期受到土地资源、生态红线、林业、海域使用等因素制约，随着生态文明建设要求的不断提升，集中式光伏发电、陆上风电等可再生能源在土地资源等方面的约束进一步趋紧，存在项目找地难、落地难、推进难等情况，可再生能源发展空间受到一定限制。

（二）可再生能源消纳压力增大

受土地和可再生能源资源特性制约，可再生能源电力生产与区域负荷消纳呈逆向分布。电源侧调峰资源潜力有限，抽水蓄能调峰资源匮乏，辅助服务市场机制尚未完善，电源灵活调节能力不足，导致可再生能源消纳压力增大，局部地区、局部时段存在一定的消纳问题。

（三）经济竞争力有待提高

海上风电由近海向远海发展的同时面临国家政策调整，集中式光伏发电等可再生能源发电开发利用的技术成本虽已大幅下降，但非技术成本仍然较高，且存在叠加电网调峰等问题，可再生能源的竞争力相比化石能源仍然偏弱，整体成本仍然偏高。

第二节　中小型源网荷储系统建模与优化

一、源网荷储系统概述

（一）源网荷储系统分类

源网荷储系统按系统大小，可分为大型区域级源网荷储系统和中小型园区级源网荷储系统。大型源网荷储系统虽然能实现清洁能源的自发自用、平滑并网，但其缺点也十分明显，其建设较为复杂，需考虑电网控制、设备控制以及区域负载优先等级等多种问题，因此需要以国家部门为主导，多个行业公司进行协调配合才能实现，其投资金额和技术难度都很大。同时，区域级源网荷储系统在优化调度过程中，系统设备种类和数量过多，无法做到对每个设备都进行精确有效的调控，虽能解决一部分电网承载能力的问题，但产生的经济效益不高。中小型源网荷储系统包含的设备少，搭建简单，易于调控，经济效益较好，因此，中小型源网荷储系统成为现阶段源网荷储系统的主流系统。

中小型园区级源网荷储系统是以清洁能源为基础的能源系统，随着园区级源网荷储系统的发展，虽然园区级的源网荷储系统不会存在大量并网导致电网压力过大的现象，但在园区用电高峰时，清洁能源的发电量远不足以满足园区的耗电需求，会造成很大的电网压力。可选择在园区中安装储能设备，让储能设备在系统电能需求较小的时候存储电能，在系统需求电能较大的时候释放电能，以减少电网压力。但在安装储能设备后同样又可能出现新的问题：选择在何时对储能设备进行充放电操作才能在保证充分利用清洁能源的基础上，使系统取得更好的经济效益，减少用电峰值时刻电网的压力。现阶段，各个储能设备厂家通过人为制定冲放电策略的方式对储能设备的充放电规律进行调控，该策略并不能保证在充分利用清洁能源的基础上最大化利用储能设备，保证节能减排的同时实现经济最优，且每个园区级系统的工作状态、能耗情况和地理条件等都不相同，人为制定的储能设备充放电策略并不能通用于所有的园区综合能源系统。

（二）源网荷储系统研究

1.源网荷储系统研究现状

源网荷储系统是在智能微网系统的基础上进一步融合改进提出的，其将微电网、微天然气网等多种能源网络相结合，将系统中各组成部分按照其在系统中的作用分为能量源设备、能量网设备、负荷设备和储能设备，通过各种设备之间的能量转换实现系统的动态平衡，同时加入控制算法进行调节，使得系统能够按照设定的策略目标稳定运行。

为了解决电力能源利用率不高、各类调控环节协调不完善、各类分布式能源出力状况不合理的问题，国外开始大力发展分布式综合能源系统。早在1992年，Kunugi和Yohda两位已经就分布式能源管理系统的结构和功能进行了讨论，设想和提出了能源管理系统的结构和结构中各个部分的功能。1996年，美国电力市场的开放促进了美国电力行业的发展，随着电力资源的可交易化，各类民营电力交易公司相继出现，进一步地推动了分布式能源系统的理论验证。同年，Horiike和Okazaki对于分布式能源管理系统进行建模与仿真，加深了分布式能源系统的理论研究。Scholz和Juston较为完整地论述了分布式储能系统的设计方法，建立了储能系统的仿真模型。随着储能系统加入分布式能源系统中，2002年，Guttromson对以电网为能源网络的分布式能源进行了动态建模，验证了分布式能源系统在园区级电网系统的可行性。2007年，Hong Chen等在日本东京的一个建筑群中引入分布式能源系统给当地供电，实现了分布式系统从理论向实际运用的转变。随着光伏和风力发电等清洁能源的飞速发展，2016年，Asrari在结合清洁能源和储热储氢等储能设备的前提下，研究了分布式能源系统对电网的影响，进一步提高了分布式能源系统的实用性。

我国关于智能电网和分布式能源系统研究开展得较晚，但在国家政策的大力扶持下，近几年我国源网荷储系统的建设有了飞快的发展。2002年，刘道平对分布式能源系统的概念作出了初步的定义和解释；2008年，齐学义等在深入分析我国西部能源分布的基础上，提出了光伏等可再生能源、传统化石燃料和沼气能源相融合的分布式能源系统。随着我国大型新能源电站的建设，集中式大型新能源电站的弊端逐渐显现，2011年，刘惠萍在传统的分布式能源的基础上，提出了以园区和建筑群为系统的区域分布式智能微网能源系统。随着储能技术的逐渐发展，储氢技术逐渐被运用在我们的生产生活中。2019年，贾洋洋等提出了将储电、储热、储气和储氢相融合的综合储能系统，完善了我国分布式能源的体系。随着2020年源网荷储分布式能源系统的提出，冯迎春等提出了一种将清洁能源加入源网荷储系统中的消纳和交易方式，进一步推动了源网荷储分布式能源系统运用在园区级实际场景中的发展。

从源网荷储系统的发展过程中我们不难发现，现阶段分布式能源系统发展的趋势，是从以省市为单位建设的大型分布式综合能源系统向以园区和建筑群为建设单位的中小型分布式综合能源系统的转变，从以国家为主导建设的分布式能源系统向以个人建设为主导的分布式能源系统的转变，从以单一能源的分布式能源系统向多种能源互补的系统的转变。在这样的发展趋势下，设计一套可以指导个人建设的园区级源网荷储分布式能源系统变得尤为重要。

2.源网荷储优化调度研究现状

在源网荷储系统建立之后，如何合理地利用和分配电能、节约能源、产生经济效益成了急需解决的问题。随着全国各地分时电价政策的逐渐出现，如何最大化地合理利用光伏和风电等不可控电源设备产生的能源，如何对于峰值电价和谷值电价的利用，如何解决随着产能的提升，台区变压器容量不足影响生活的问题，成为企业和个人所关注的问题。

为解决上述问题，对源网荷储系统优化调度问题的研究逐渐被提上了日程。各类传统的优化算法首先被运用在对于分布式能源系统能量使用和规划的过程中。2012年，王明祥等提出了使用线性规划模型以解决分布式能源系统的优化调度问题，使用线性规划算法对分布式能源系统的生产经营作出规划，使得企业利润最大化。随着机器学习时代的到来，人们开始发现采用机器学习相关算法来解决各类能源配合和协调问题更为简单快捷，适合解决复杂的优化问题且更加高效。于是越来越多的研究人员开始使用机器学习相关算法，如遗传算法、模拟退火算法、粒子群算法和聚类算法等。2015年，吴杰等使用遗传算法，以北方的一栋办公大楼的分布式系统为例，以经济最优为目标函数，对大楼内设备出力状况进行调控，与传统的分时段调控策略相比实现了较优的配置方案。2020年，徐紫东等使用粒子群算法，综合考虑了光伏发电出力的不确定性，在贵州某实验室通过调控储能设备的出力状况，减少电网在用电高峰时期的峰值功率，达到了削峰填谷的目的。2021年，杨恒岳等使用k-means聚类算法对用户侧的冷热负荷进行聚类分析，提取某地用户侧冷热负荷的典型日，使得预测更为准确，为后续的优化调控打下了基础。

目前，国内大多数研究都基于大型的并网系统和电网调度方面的研究，关于源网荷储能源系统优化问题的研究相对较少。在少量针对中小型园区级微网综合能源系统的研究中，其算法目标函数多为以经济最优为目的，且使用场景所包含的设备不够全面，很少有针对包含光伏设备、储能设备、充电桩和空调等全部设备的场景。相关优化算法在解决方案的运行中，由于算法仅依托于理论推导和理想化方案设计，在实际运用场景中具有不确定性、缺乏闭环验证等问题，如果贸然将算法运用于实际项目中，会出现验证周期长、合理性验证较慢等问题。对于一些不合理的算法方案，还有可能导致设备产生不可逆转的损坏。同时，现阶段的源网荷储系统建设在逐渐向中小型的园区级转变，系统中需要优化调控的设备种类也有所减少，目标函数的复杂度变小，相应地，使用的采集和策略调控的嵌入式设备的成本和性能也有所下降。而国内大部分的算法研究注重对于优化调度策略精度的提升，使用多种群智能算法以提升优化极值，未考虑到优化算法移植到实际的嵌入式设备中的求解速度问题。

针对当前中小型系统存在设备运行策略不合理、系统经济性不高和用电高峰时电网压力过大的问题，现阶段大部分的研究偏向于在理论和算法层面去解决现有问题，缺少解决方案的真实呈现，缺少与实际场景相结合的研究，不能很好地将理论研究转换为实际场景的运用，缺乏对个人建设源网荷储系统的指导作用。

二、中小型源网荷储系统总体架构及理论模型

近年来，源网荷储的发展趋势从建设大型的区域级能源系统转变为建设中小型的园区级能源系统。然而，当前中小型园区级源网荷储能源系统仍存在设备运行策略不合理，未实现在节能减排的同时保证经济效益最大化，且优化控制策略安全性无法得到保障的问题。

（一）中小型源网荷储系统的总体框架

从理论研究的角度设计一套可以指导源网荷储系统优化调度的总体框架，可以提高电网承载能力，达到节能减排、经济效益最大化的效果。在该框架中，首

先应对现有设备进行数据采集，将采集到的数据进行处理和预测，作为相应优化调控算法的输入，确立需要的目标函数和综合考虑系统的约束条件，将合理的算法使用在目标函数上进行求解；其次为保证求解得到的调控参数的调控效果和安全性，还需要搭建相应的仿真模型进行验证；最后通过可以调控系统设备的控制器，将调控参数下发至实际运行设备中进行实际调控。

针对上述系统的优化调控过程，可将整个中小型源网荷储系统总体框架分为三个部分：用于采集数据和控制系统的源网荷储智能控制终端、用于验证算法调控能力与系统运行能力的仿真平台和控制调控策略的优化调度算法。

首先，将源网荷储系统中的设备按照其所属类别进行分类，使用源网荷储智能控制终端，通过各类设备配置的通信协议采集原始数据，并将其储存在控制终端自身携带的或云端的数据库中，同时采集环境数据用以对出力不确定的电源、负荷设备的出力情况进行预测；其次，控制终端配置相应的数据处理算法，对采集到的数据进行预处理和数据格式的转化，将处理好的设备运行数据输入系统优化调度算法中，先运用预测算法，结合设备运行数据对出力不确定的电源设备和负荷设备进行预测，再通过相应的优化算法进行策略的优化控制；最后，将优化算法输出的实时设备运行调控参数输入仿真平台中进行仿真，确定算法的优化调度效果和算法的安全性，确认无误后，仿真平台再将调控参数传输到源网荷储智能控制终端，控制终端通过系统各个设备的通信协议将调控参数下发至各类设备中，各类设备按照调控参数进行运行，完成优化策略的闭环控制，最终实现源网荷储系统的优化调度。

1.源网荷储智能控制终端模块设计

（1）智能控制终端硬件部分设计。源网荷储智能控制终端作为整个源网荷储系统中的控制核心，需要具备采集存储设备数据、优化策略运行和调控参数下发等能力，同时现阶段大多数源网荷储系统还需要有远程监控和调控的能力。源网荷储智能控制终端需采集和控制多种设备的数据，故需具有多种通信接口且能接入多种协议；控制终端需要有数据存储和优化策略运行的能力，故对其运行内存和存储空间也有较强的要求；控制终端需实现远程监控和调控，故需具有网络连接和无线通信的功能。

（2）软件部分。源网荷储智能控制终端作为一个复杂的嵌入式设备，其要实现采集、存储、算法运行和控制等多种复杂功能，这些功能彼此独立且彼此交互，故需要在硬件设备上安装操作系统和编写相应外设的驱动程序。依托于Linux系统的开源和外设驱动较为完善的特性，在源网荷储智能控制终端上移植Linux4.14操作系统和相关外设驱动，完善了控制终端底层平台，可直接进行应用层数据采集和存储、算法运行和远程监控程序的编写。

源网荷储智能控制终端软件部分分为五个模块：数据采集模块、数据存储模块、策略运行模块、云端交互模块和调控模块。其中采集模块兼容多种通信协议，通过不同的通信协议采集系统设备数据，对采集到的设备数据进行统一格式的处理，然后将数据上报至控制终端本地的MQTT服务器上供存储模块使用。存储模块监听MQTT服务器上数据采集的主题，将MQTT报文进行解析，对数据格式进行统一处理，同时使用Redis数据库进行实时数据存储并使用SQLite数据库进行定时数据存储。策略模块中，从SQLite数据库中取出优化调度算法所需的设备和环境数据，进行预处理，接着对不可控电源设备和负荷设备的出力状况进行预测，将预测数据和其余数据相结合作为优化算法的数据输入，通过选取合适的目标函数、约束条件和优化算法进行系统的优化计算，将计算出的控制参数以特定的格式上报至本地MQTT服务器和云端MQTT服务器，供策略模块和仿真平台使用。云端交互模块主要实现从数据库中读取数据并发送至云端MQTT服务器上，供云端进行数据展示和调控。调控模块主要是在仿真平台验证完调控策略后，从MQTT服务器中提取调控参数，将调控参数下发至系统设备中完成调控，同时可以接收来自云端下发的调控指令，以实现远程调控。

①采集模块。采集模块作为源网荷储系统中最基础也是最重要的模块，在系统中承担了信息输入和整合的任务，其采集到的数据信息保障了后续所有模块的运行，因此，采集模块需要具备稳定性和采集设备的多样性。针对上述采集模块的特点，采用分布式的软件架构，使用一个主采集程序和多个从采集程序相结合的采集模块。从采集程序以使用的通信协议作为区分，每一个从采集程序作为采集模块的一个线程，独立采集该通信协议的设备数据，并将采集到的数据存放到临时数据存储区域。主采集程序通过线程间的通信方式，将临时存储区域中的数据进行读取和整合，得到完整的源网荷储系统数据信息，最后将所有数据进行JSON格式的转换，形成固定格式的MQTT报文，上报至源网荷储智能控制终端本地MQTT服务器的采集主题中，用于存储模块的存储。采用MQTT服务器作为数据的中转是因为源网荷储系统中数据多、采集速度快，如果直接使用模块进程间

的通信方式会出现阻塞现象，影响访问速度，同时该方案可以保证在其余模块出现问题时，MQTT服务器仍能保存一段时间的数据，避免数据丢失，使得系统更加稳定。

②存储模块。存储模块作为源网荷储智能控制终端中与其余模块交互最多的模块，在系统中承担着承上启下的作用，因为源网荷储系统的数据量大、采集速度快，故需其在保证数据安全的情况下，有很大的吞吐量。显然现有的数据库很难做到存储速度快的同时保证数据存储安全，因为存储速度快意味着需要将数据存储在系统内存中或者高速的固体硬盘中，但其安全性则没有存储在本地高，存储在本地则需要进行磁盘的读写，影响存储速度。针对上述问题，采取Redis数据库和SQLite数据库相结合的存储模式。Redis数据库为非关系型数据库，相较于关系型数据库具有存储速度快、吞吐量大的优势，但在实时存储时，其数据一般是先存储在系统内存中，经过一段设定好的时间后，再将内存中的数据进行本地存储，但如果开启本地存储，数据量太大的情况下会出现数据堆积，如果遇上断电等突发情况会导致数据丢失；SQLite数据库为关系型数据库，将数据信息直接写入本地磁盘，更加安全，但存储速度较慢，存储间隔较短的情况下会出现阻塞和崩溃等现象。可将两种数据库相结合，存储模块以秒级为单位订阅本地MQTT服务器上的采集模块主题，然后通过JSON包的拆解提取数据，以一定的格式将数据实时存储在Redis数据库中，实现实时的数据存储，然后设置一个定时器，通过使用者设计的固定化存储时间，从Redis中提取数据，将数据以分钟级为单位存储在SQLite中，实现固定化存储。由于在云端展示和策略调控的过程中，数据信息是以分钟级为单位进行展示和调控的，故可以在保证数据稳定安全存储的条件下，节约内存和延长磁盘使用寿命，同时满足系统设计需求，完成源网荷储系统的数据存储功能。

③策略模块。策略模块作为源网荷储系统的核心控制部分，在系统中承担着大脑的作用，故需要其具备稳定性高、运行速度快和安全性高等特点。其运行速度和安全性问题需要相应优化算法的能力和仿真平台的测试来保障，故策略模块需要提供良好的数据和调控模块、仿真平台接入的接口。针对上述问题，可采用统一的调控模块和仿真平台的接口，通过进程间通信的方式在内存中开辟固定区域存储调控模块需要的数据，然后通过云端MQTT服务器进行与仿真平台的对接。最后在该模块中加入保障机制，通过守护进程等方式确保该模块的稳定运

行，在极端状况下还可以切除该模块对系统的控制，实现安全稳定的策略控制。

④调控模块。调控模块是源网荷储系统中控制执行模块，在系统中承担着策略执行和云端控制的作用。调控模块需要同时对多个系统设备进行调控，同时还需要与云端和仿真平台的接口交互。针对上述需求，方案设计了调控参数接收接口，通过订阅云端MQTT服务器控制主题，解码JOSN包获得调控策略，然后将调控策略进行封装，下发至源网荷储智能控制终端的本地MQTT服务器中，调控模块的主程序接收到调控参数进行解码，将各个设备的调控参数分别通过不同协议的从采集控制模块，通过不同的通信协议下发至源网荷储系统设备中，实现优化调控。对于云端下发的控制指令，通过订阅源网荷储智能控制终端的本地MQTT服务器云端下发主题的方式，根据控制指令的优先级进行设备的相应调控，实现云端的远程控制。

⑤云端交互模块。云端交互模块是源网荷储系统中智能控制终端与云端平台交互的模块，在系统中承担着眼睛的作用，故需要有与控制模块及存储模块的交互接口。针对上述需求，可采用2个线程来设计云端交互模块，在主线程中通过程序读取SQLite数据库中的实时数据，将数据打包成JSON包上报至云端MQTT服务器中，用于云端的网络展示；在与控制模块交互接口中，通过读取控制模块下发至智能控制终端本地MQTT服务器上的控制模块主题，解码获取数据，然后将控制参数进行提取，发送至控制模块。

（3）控制终端采集方案。在飞速发展的现代社会，信息和数据的价值越来越凸显出来。数据在仿真建模、预测、数据分析等方面作用巨大，实际项目中最基础也最重要的就是设备数据的采集。现有的数据通信方式种类繁多，但适合的场景、通信效果和所需经费各不相同，而源网荷储系统所需设备的数据采集还需要考虑各种干扰因素对信号的影响，针对上述问题可采取如下两种数据采集方法。

①基于有线网络通信方式的数据采集方法。在实际运用场景中，如果是工业园区或者是居民社区这种基础设施完善、有线网络可接入的场景，我们可以使用有线网络的通信方式进行设备数据的采集和控制参数的下发。这样的方式只需添加适量的交换机和网线就可以实现数据远距离稳定的传输，相比于传统的采集方案，通过5G进行云端的交互，省掉了现场端的一个PC电脑，更加经济和快速。

②基于无线网络通信方式的数据采集方法。相比基于有线网络的数据采集

方式，无线网络则不需要在采集地点有有线网络的存在，工业级的通信方式和LORA的结合，实现了信息采集的区域网络自治，最后通过源网荷储智能控制终端上报至云端，通过5G的信息高吞吐量实现设备信息流采集。这种方案主要适用于没有外网接入的场景，如有安全保护需求的公司楼宇系统、设备采集点较为分散的场景、重新布线较为困难的场景。这种方案有效地解决了信息安全，信息流布线花费大、工期长，设备移动和变更的问题。

2.源网荷储系统仿真平台模块简介

（1）仿真平台简介。在源网荷储系统中，由于地理条件、应用场景和源荷种类的不同，存在着系统包含设备种类多、泛化性差等问题，这些问题导致在不同园区的运用场景中，各优化算法的能力不尽相同，所以需要搭建一个适用于所有园区的完整源网荷储系统仿真平台。该仿真平台用来验证优化策略的优化效果，确保优化算法作用于实际项目中的安全性。仿真平台需要有良好的普适性，尽可能地包含源网荷储系统中更多的设备种类，对于同种设备应该具有参数结构的修改能力；仿真平台需要具备良好的设备扩展特性，在不同的应用场景中可以做到快速地修改和添加设备；仿真平台需运行不同编程语言的优化算法，故要有较好的算法接入能力，且需具备多种编程语言的接入能力；同时为了更好地展示仿真结果和优化曲线，还需设计一个在系统运行时可直观观察的结果展示模块。

针对上述需求，可采用MATLAB软件中的Simulink模块实现仿真平台的搭建。MATLAB软件拥有很强的编程语言接入特性，其上可以运行C、C++、Python和Java等多种主流编程语言，可接入多种不同语言编写的算法。Simulink模块作为仿真搭建工具，其软件中带有多种完善的电力设备模块，对模型稍作修改即可进行使用，同时大多数的仿真软件都可直接或间接生成可供Simulink调用的模块，实现了设备模型的快速修改和添加。

以MATLAB软件中的Simulink模块为设计软件，进行源网荷储系统仿真平台的搭建。该仿真平台包含三个模块：设备模型模块、策略运行模块和结果展示模块。其中设备模型模块分为源模型、网模型、负荷模型和储能模型四类模型，通过机理建模和数据建模相结合的方式进行模型搭建，充分考虑设备的实际物理特性，力求所建立的设备模型能真实反映物理设备；策略运行模块主要用来承载优化算法的运行，通过在仿真平台上嵌入相应的算法代码，用不同的优化算法实现优化调度；结果展示模块通过简单的数学计算和逻辑判断，来展示系统的实现运行结果、优化算法的输出参数和相应设备的运行曲线，该模块通过Simulink模块中的示波器和数值展示模块实现。

（2）仿真平台与智能控制终端的交互。源网荷储系统解决方案中的仿真平台依托于MATLAB软件搭建，考虑到软件安装和可视化操作，故需运行在带有Windows系统的工控机上，在工控机上连接屏幕并安装MATLAB软件，组成仿真平台的硬件部分。对于软件部分的设计，考虑到仿真平台具有策略运行和实时观察设备运行状态的能力，故需安装在系统的监控室内。仿真平台和源网荷储智能控制终端只需要以分钟为单位进行交互，若采用有线通信需进行大量的基础设施的建设，会增加建设成本，故选用无线通信的方式进行信息交互。源网荷储智能控制终端将信息封装成JSON报文，上报至云端MQTT服务器的数据上报主题上，并在安装了仿真平台的工控机上安装MQTT客户端软件，监听云端MQTT服务器的数据上报主题，得到JSON报文后进行解码，将提取到的数据存入工控机的本地SQLite数据库中。仿真平台通过读取本地数据库中设备的运行数据，进行优化调控，最后生成系统的实时调控参数。将调控参数封装成JSON报文，上报至云端MQTT服务器的策略调控主题中，源网荷储智能控制终端设备通过监听云端的策略调控主题报文，得到相应的调控参数，从而对系统中的设备进行优化调控。

3.源网荷储系统优化调控模块简介

（1）系统优化调控策略简介。源网荷储系统解决方案中，最重要的是使用优化调度算法对系统中可控设备进行调控，而在调控过程中优化算法的选择决定了系统优化调度的成败，故需针对源网荷储系统的具体特点选择合适的优化算法。

优化算法按照其解决优化问题的思路可以分为传统的优化算法和基于机器学习的优化算法。线性规划、二次规划等传统的优化算法，采用数学计算的方式对目标函数进行求解，对待求参数少的目标函数有着良好的求解效果，但对于源网荷储系统这种有上百个待求参数的目标函数，其求解能力明显下降，因此不满足实际需求。

基于机器学习的优化算法也被叫作群智能算法。群智能算法的本质是通过多次的循环计算，向目标最优的待求参数逐渐逼近，完成最优的待求参数求解。群智能算法包含遗传算法、粒子群算法、模拟退火和鱼群算法等多种算法。相较于传统的优化算法，基于机器学习的优化算法对于目标函数较为复杂，局部极值较多的优化问题具有更好的求解能力。但在提升求解精度上，粒子群等依托于大量随机分布的粒子进行寻优的算法，对求解设备的算力有较高的要求。在源网荷储系统中，智能控制终端需要考虑到设备算力和优化算法运行时间的问题，故需选择一种在满足计算精度的前提下，运行速度尽可能快、需求算力更低的优化算法。

（2）优化算法与系统模块的交互。相关的优化算法需要同时运行在仿真平台和源网荷储智能控制终端，故优化算法的编程语言需选择可以同时运行在MATLAB和Linux系统上的编程语言，C语言和Python等多种语言都满足上述需要，但充分考虑各类语言的运行效率和需要依赖的运行环境所占用系统内存，最终采用C语言编写优化算法。考虑到优化算法统一性对整个系统优化调度的影响，应在优化算法封装的过程中充分考虑算法调用接口的统一性。针对上述优化算法需要考虑的问题，通过SQLite数据库提取系统采集到的实时数据，将采集到的实时数据经过算法库封装好的数据处理模块进行处理，然后调用封装好的优化算法接口进行优化计算，将计算得到的优化调控参数进行JSON包的封装，最后上报至云端和智能控制终端的MQTT服务器上，从而实现仿真平台和智能控制终端的调控。

（二）源网荷储系统中设备理论模型研究

上面介绍了中小型源网荷储系统的总体架构，其中仿真平台模块和优化调控模块均需依托于系统中设备理论模型的研究。以下将通过数据建模和机理建模相结合的方式建立系统中各设备的理论模型，为仿真平台模块的搭建和优化调度模型的确立提供理论基础。

1.电源模型的建立

（1）光伏模型的建立。在源网荷储系统中，要想减少系统的碳排放量，需要在系统中更加充分地利用光伏设备等清洁能源。光伏系统的工作原理是通过光电效应，产生直流电，直流电通过光伏逆变器的整流和逆变，生成稳定的交流电，再通过光伏逆变器中的锁相环等一系列控制策略，实现并网操作，最终将太阳能转变为电能供人类直接利用。

从光伏系统的发电原理可以看出，光伏设备的实时发电功率主要受到光照强度的影响，而光照强度又和系统所处地区和天气状况等环境因素具有密不可分的关系。这些环境因素按照大自然特有的运行规律改变，不受人为控制，因此，如何合理准确地预测光伏发电情况成为光伏模型建立的重中之重。由于在源网荷储系统中我们不关注光伏系统设备级的运行状况，只关心光伏系统的实时出力情况，故在建模的过程中不需要对光伏系统设备级部分进行建模。同时，由于光伏系统所处地区、温度条件和周边建筑物遮挡等环境因素的不同，采用机理建模的方式不能得到一个统一的、高精度的模型，故采取数据建模的方式，采集不同光伏系统中预测所需的数据，进行光伏系统的模型建立。

（2）风电模型的建立。风电模块也可以和光伏模型一样通过数据建模的形式进行模型搭建，但考虑到风力发电站的建设环境较为空旷，受到环境因素的影响较小，故可以通过机理建模的方式得到相应的数学模型。风力发电主要受瞬时风速的影响，因此，风力发电主要建立风速分布模型和风力发电功率输出模型。我们可以通过查阅资料得到该地区的月平均风速，再通过威布尔分布将月平均风速转化为每小时的平均风速。

（3）柴油发电机模型的建立。柴油发电机作为源网荷储系统中的备用电源，在系统出现断电或者短期台区变压器容量不能满足生产生活需要时使用。柴油发电机是通过活塞循环往复地进行空气的压缩，在空气压缩到一定程度后，喷油嘴喷出雾化的柴油进入柴油发电机的缸室中，进行点燃，点燃后产生大量的热量推动发电机转子的往复运动，进行磁感线的切割，生成电流，将柴油的化石能源转化为电能。

2.电网模型的建立

电网作为源网荷储系统能源传输的主要途径，肩负着整个系统绝大部分能源输出的职责。在对系统进行优化调控时，针对的是系统中的可控设备，而非电网，且园区级的源网荷储系统基本以台区变压器为单位进行调控，因此在建立电网模型时只需将电网当作一个稳定能源输出的电压源，限制其功率输出的是台区变压器的容量，在充分考虑电力传输过程损耗的能量后，即可建立相应的数学模型。

3.负荷模型的建立

源网荷储系统的负荷可以按照其变化特性及有无可调控性，分为固定负荷、可变负荷和可调负荷。其中固定负荷指在系统中随时间变化保持不变的负荷设备，类似于服务器设备、机房设备以及定时通风设备等；可变负荷指在系统中随着时间的变化而变化的负荷设备，这些设备和人类生存活动有关，可通过数据分析发现其变化规律，提取出典型日负荷参数，类似于居民和园区用电设备、工厂用电设备以及不可调控的供冷供热设备等；可调负荷指在系统中可以通过类似红外等接口调节其功率的设备，这类设备作为"源网荷储"系统的主要调控设备，可通过对其功率的限定实现节能控制，故在建模时需开放相应的接口，使模型具有可控性，类似于充电桩、空调以及光伏逆变器等设备。

（1）固定负荷。固定负荷类似于一个稳定输入的电源设备，所以在仿真平台搭建时可将其抽象成一个电压源或电流源，根据源网荷储系统的实际功率对其进行设置，即可得到相应的固定负荷。固定负荷包括园区的机房设备、精密空调和一部分需持续运行的设备，这些设备可通过智能控制终端采集其相应的能耗数据，进行数据的预处理后，对能耗数据取平均值，得到其固定负荷数据。采用机理建模的方式，使用Simulink中的电压源模块，设置其负荷数据，即可实现固定负荷的模型建立。

（2）可变负荷。可变负荷指随时间的变化其功率会产生相应变化的负荷设备。此类设备运行不确定，需使用数据建模的方式。分析多个园区可变负荷的数据可以发现，可变负荷的变化和园区的生产生活方式有很强的相关性，通常可以按照工作日和非工作日进行区分。

（3）可调负荷。可调负荷中包含固定负荷和可变负荷，可按照可变负荷的建模方法进行建模，但需在建模完成后留下可调控的接口，实现可调控制。

4.储能模块的建立

储能设备按照其功能可以分为储电、储热、储氢等设备。电网系统中的储能设备主要是电池设备，电池设备按照其所用材料的不同可分为磷酸铁锂电池、三元锂电池以及铅酸蓄电池等。不同的蓄电池其充电速率、充电曲线有所不同，加之储能设备是一种连续的充放电设备，其不同时刻充放电的特性也不尽相同，故采用机理建模的方式建立储能模型。

三、源网荷储系统优化调控

（一）源网荷储系统优化调控策略分析

源网荷储系统优化调控策略与传统的电网优化调控策略所注重的大型区域

的网间能量调度有所不同，源网荷储系统的优化更偏向于对整个系统中设备的调控，通过合适的优化算法，在满足系统所在园区生产生活所需的前提下，计算出设备实时运行的参数，再将参数下发至设备，实现优化调控，达到节能减排、经济最大化、减轻电网压力的最终目的。在这个过程中，要充分考虑到系统的并网特性，合理地与电网进行电力交易，实现系统的优化调控。

针对一个并网的源网荷储系统，我们在进行优化调控过程中要注意以下几个问题：

（1）对于源网荷储系统，在优化调控过程中，除了要考虑到系统运行经济成本，还需要考虑到系统运行中对环境造成的污染。综合分析整个系统，造成污染的来源应当为柴油发电机等电源设备的运行，我们可以将其排放的CO和污染物换算成花费的经济效益添加到目标函数中，这样在进行优化求解时，会在充分考虑柴油发电机等电源设备污染排放量的基础上进行优化求解，所求解集充分考虑环境保护问题。

（2）对于整个源网荷储系统，在调节过程中要充分考虑除电网电源外其余电源对整个系统的影响。在实际操作中，应该尽量保证光伏和风电等不可控能源发电的实时利用率，保证其发出的电能尽量可以在第一时间被电网消纳，减少其对储能和电网的冲击，使得系统更加稳定、使用寿命更长。

（3）在系统电能需求不足或是电网电价过高时，释放储能设备存储光伏发出的多余电能和电网低价时的电能，维持系统的功率流平衡。在具体的优化调控过程中，我们一般是以天为单位进行调控的，为了满足在调控过程具有可重复性，我们需要确保储能设备在每次完成一天的调控策略后，其储存电能的SOC值回到当天开始的水平，使得策略可以重复使用，而不对其初始参数进行二次调节。

（二）优化调控的约束条件

约束条件是为保证优化后系统调控参数的合理性而设置的，不合理的约束条件会导致系统无法按照预估的调控状态进行，甚至导致系统的崩溃和损坏，因此，约束条件在优化调控的过程中非常重要。充分考虑约束条件可以确保系统建立的数学模型更加逼近真实的调控需求，使求出的调控参数满足设备的实际运行需求，使得系统优化问题的求解不局限于理论层面的研究，可以落地于实际项目。针对源网荷储系统，主要考虑电网系统的功率平衡的约束、系统中设备出力功率的上下限约束、电网台区变压器额定功率限制的约束、系统中储能设备的相关约束等。

（三）改进的天牛须协调优化算法

对比传统天牛须算法和自适应惯性权重粒子群算法的实验数据可以发现，在进行相同代数的优化运算后，在Sphere单峰函数上，两种算法的寻优能力是相近的，但是在多峰和无峰函数上，粒子群算法的寻优能力要远大于传统的天牛须算法；而在算法的运行时间上，天牛须算法的运行时间要远小于粒子群算法，故可以推断出天牛须算法有更为快速的寻优能力。

对比改进的天牛须算法和粒子群算法的实验数据可以发现，在进行相同代数的优化运算后，在Sphere函数和Rosenbrock函数上，改进天牛须算法的寻优能力是远高于粒子群算法的，尤其是在单峰函数上，改进的天牛须算求得最优解的精度要高于粒子群算法数十倍。在Griewank函数上，改进的天牛须算法在相同代数的运算中，其寻优能力略低于粒子群算法，但相差不大，为同一个数量级。同时，改进的天牛须算法的运算时间要远低于粒子群算法的运算时间，天牛须算法可通过更多的迭代次数和参数调节达到和粒子群算法相同的寻优能力。

第三节　微电网源网荷储协调优化调度策略研究

电力物联网的建设为源网荷储协调工作提供了契机，为精准的设备调控提供了基础，借助多个微网间电能的共享及合理安排微网内的可调设备能促进消纳可再生能源发电，研究微网间的协调运行方法及微网内设备的出力对电能调度有非常重要的意义。

一、源网荷储协调运行的基本理论

（一）源网荷储协调运行的基本框架

新形势下，可再生能源发电占比持续增高，为了解决并网后出现的供用电不平衡问题，源网荷储友好互动系统应运而生。它整合了源网荷储等多方资源，在供用电出现较大不平衡时，根据优化结果快速调控相关设备，即可解决问题且能避免经济损失，相较于传统的单一控制手段，它的控制手段更加丰富。

整个源网荷储协调运行的基本框架可以分为上、下两层，上层为协调系统，也是决策系统，合理运用源网荷储等下层设备上传的实时数据，依据当前的执行策略来优化计算，毫秒级时间内将优化结果下发到下层的各设备，将各设备设置为优化后的结果，进行实时调控，完成电能调度。

源网荷储四部分设备均可与协调系统进行双向通信，方便将源网荷储各设备的当前状态信息上传到协调系统，以及执行协调系统下发的各项指令。

1.电源侧

（1）火力发电。火力发电即燃烧煤炭发电，作为传统能源目前入网占比仍然较大，随着光伏、风力等可再生能源的接入，火力发电成为电力系统中重要的灵活调控资源，可根据供用电的不平衡缺口提供向上或向下的灵活调控，配合可再生能源进行供电，保证优先可再生能源的消纳。

（2）光伏发电。光伏发电主要是通过光伏板将光能转化为电能。光伏发电功率随着一天内光照的强度发生变化，中午范围内发电功率较大，凌晨和晚上处于不发电状态。随着大量分布式光伏发电的并网，在一定条件下，光伏发电也可视作灵活的电能资源作为电力系统供电的重要组成部分。合适容量的光伏发电并网可以减少火电等传统发电机组的出力，提高电力系统供电方面的调节能力。然而，由于光伏发电的曲线的波动性，会使得其作为灵活的电能资源参与电能调控过程出现较大的不确定性，为了尽可能让光伏发电出力，应该着重分析其不确定性，这样更容易保证电能调度的顺利进行。

（3）风力发电。风力发电主要是将风能转化为电能，风力发电功率随着风速变化一天内都在波动。

在一定程度上，风力发电出力和其他电源出力在供电侧调控时存在协调问题。另外，风力发电在一定条件下也可以转化成灵活的电能资源，作为电力系统供电的重要组成部分，从而提高电力系统供电的灵活性。

此外，电源侧常见电源还有热电联产、内燃机和柴油发电机等。

2.电网侧

电力系统之间的功率联络线充当桥梁的作用，调度的灵活程度与联络线的实际运行状态、最大允许外送功率和网架结构有关。线路传输容量可由功率联络线可外送功率大小来表示。

另外，网架结构和线路虽然本身不对电能调度提供灵活性资源，但却影响调度的实施性。例如，当本地区域电力系统发电机组需要提高发电功率以供其他区域电力系统负荷所需时，不合理的互联网架和线路传输容量可导致增大电能调度难度或增加投入成本。因此，网架结构的合理设计方案及功率联络线的线路传输容量决定了整个互联的电力系统充分利用灵活可调资源的能力。

3.负荷侧

通常将负荷分为两类：刚性负荷和柔性负荷。刚性负荷不容易发生负荷转移，柔性负荷容易通过分时电价、激励等方式发生转移。对于柔性负荷，比如居民负荷中的柔性负荷有较大的调节空间，通常为居民负荷设计具体负荷转移方案，有利于削峰填谷以及光伏、风力等可再生能源发电的消纳；对于刚性负荷，比如由于工业生产过程的连续性，其中大型的工业设备不容易发生负荷转移。

无论是刚性负荷还是柔性负荷，在一定程度上都会因分时电价、补偿激励、政策调整等引导方式发生转移，部分成为灵活可调的负荷，但是灵活可调负荷量在总负荷中所占的比例和引导方式之间的有效性关系仍是无法准确衡量。另外，虽然现在可以通过大数据分析预测的方式得到引导到负荷转移情况，但是因存在偶然性误差，仍会影响到电能调度模型的建立以及电力系统的运行。

4.储能侧

储能技术能够实现电能和功率在时间上的转移，有利于碾平负荷曲线。

不同的系统中，储能的成本合理性程度是不一样的，这是因为在不同的电力系统中有着不同的灵活可调的电能资源可互补供电。因此，我们需要根据实际情况来合理部署储能的类型和容量。

（二）多微网框架下源网荷储协调特性分析

进行电能调度的基础是协调控制好源网荷储之间的关系，要进行精准的电能调度必须安排好源网荷储中各设备的出力状态。简而言之，通过源网荷储协调优化进行电能调度的目的是平衡供端电能和受端负荷之间的不确定性，尽可能地避免短时间内的冲击峰荷对系统安全运行的影响，也是为了响应国家提出的“双碳”目标，及时提出调整用户用电的方案。最终，就是以合理策略去促进光伏、风力等可再生能源发电的消纳，避免不必要的切负荷操作。目前在当前领域研究中进行电能调度的系统框架大多是单个微网，本节更侧重在单个微网调度研究的基础上考虑在多微网环境下进行电能调度，可以将框架分为两层：上层的互动系统也是一个决策系统，用于数据分析、优化调度以及下达调控指令；下层是以功率联络线互联的多个微网，且均以数据传输线路和互动系统相连接。每个微网内具体源网荷储设备可能存在差异。此外，微网内也可能有燃气轮机、电动汽车等设备。考虑光伏、风力等可再生能源发电具有随机性、波动性等特性以及市电的分时电价，在确保系统安全稳定运行的前提下，合理管理电动汽车和储能充放电行为将大幅增加可再生能源发电的可调度性，此时每个微网内及多微网之间都具有较强的供用电调节能力，可以减少弃光/风率，稳步提高可再生能源发电的渗透率，有效解决其消纳难的问题，同时可以降低对市电的依赖，减少火力发电机组的压力，实现减排。

各区域的微网采集本区域相关信息，包括光伏、风机和水电在调度周期内的发电功率，热电联产发电功率，储能装置的荷电状态、额定容量、最大充放电功率和参与调度时段，负荷预测曲线等，然后上报给上层的互动系统。

总之，多微网系统运行框架中源网荷储协调特性主要体现在四个“互动”：

（1）“源源互动”：强调电力系统中全部可调电源之间的协调互补。这种互补体系包括两个方面：①在各区域范围内，光伏、风力等可再生能源发电与火电、水电等传统能源发电之间的协调互补，以分布式可再生能源发电供应为主，以传统能源发电产生的市电为辅，分布式可再生能源发电也要与其他可调控的分布式电源（如燃气轮机、柴油发电机等备用电源）资源相协调，两者互补可应对可再生能源发电出力的随机性与波动性带来的影响，从而形成有互补优势的可靠电能供应体系；②在全局范围内，分别处于多个微网中的不同分布式电源可跨微网进行互补，利用合理的电能调度技术，在保证当前微网供用电稳定的前提下，输送电能到其他微网，降低局部微网可再生能源发电过多对系统安全稳定运行的不利影响。

（2）“源储互动”：强调电力系统中全部可调电源与储能设备之间的协调互补。包括两个方面：①为了降低光伏、风力等可再生能源发电波动性的影响，促进可再生能源发电的消纳，减少我国的弃光/风率，将在可再生能源发电富余时，通过铅蓄电池、锂电池和电动汽车等储能设备存储超过当前负荷所需的电能，然后在可再生能源发电不能满足负荷所需时作为“电源”再将电能释放出来满足负荷所需；②新形势下，为了平抑负荷的峰谷，分时电价策略走入了用户，为了响应碾平负荷曲线的号召，可以通过储能在市电的低电价时段给储能设备充电，在高电价时段放电来满足负荷所需。储能设备的充放电特性为进行电能调度提供了极大的支撑。

（3）“源荷互动”：强调电力系统中全部可调电源与可调负荷之间的协调互补。传统“源随荷动”的调度模式并没有充分发挥部分可调设备的调节潜力，容易引起某时段供需的不平衡性，会对电网的安全稳定运行造成影响，这也是电力系统中一直存在的问题。目前，电力物联网的建设提供了源荷两侧部分设备可实时调控的机会，利用可转移负荷具有灵活工作时间范围这一特性让该部分负荷转移到光伏、风力等可再生能源发电富余的时段再消耗；反之，在可再生能源发电较少时让用户少用电。

（4）“网网互动”：强调电力系统中多个微网之间的协调互补。某个时间段内，在微网间电能调度满足各微网内自足的前提下，通过微网间电能互济，促使整体经济效益最优。这样的互动方式可以在某个时段内尽可能地消纳光伏、风力等可再生能源发电，避免单个微网进行电能调度的局限性，在全局范围内考虑经济性进行调度。

（三）优化调度框架

在电力系统中，为了实现电能的协调调度，需要综合考虑源网荷储各环节的信息，梳理各设备的参数特征，确定设备运行约束及它们之间的相互耦合关系，决策源网荷储各设备的出力。

主动配电系统的优化调度框架主要分为四个部分：输入基本参数、输入预测数据、优化调度模型及求解和输出优化结果。输入的基本参数均是电力系统中发电机组、电动汽车和储能等可调设备的基本参数，用于优化算法的初始化。输入的预测数据一般来说主要有源荷两侧的电源发电和负荷数据，如光伏、风力等可再生能源的发电预测和用户负荷预测，也可能包含分时电价预测。优化调度模型及求解部分通常考虑经济性运用粒子群算法或遗传算法等优化算法对调度模型进行求解，优化结果中包含各设备出力及成本、切负荷的量和弃光 / 风的量等。

二、考虑执行策略自适应调整的多微网经济调度

随着光伏、风力等可再生能源发电接入电力系统占比持续增高，由电能调度不合理导致的弃光/风率却持在高位，为了促进光伏、风力等可再生能源发电的就地消纳，进一步挖掘电能调度潜力降低系统运行成本，可采用多微网互联的电能调度电力系统框架，目的是实现电能在微网内自足、微网间互济，区别于仅对单个微网内资源进行优化。为了促进系统经济、合理运行，充分分析源网荷储协调特性之后，考虑“源源互动”“源储互动”“源荷互动”和“网网互动”等互动方式建立调度模型，调度过程中依据可再生能源发电预测曲线与负荷预测曲线的差值曲线进行负荷转移，提出了微网执行策略自适应调整方案，对功率联络线和储能设备的容量设定进行分析，以及分析联络线故障不确定性，确立多个联络线的维护优先级。

（一）微网执行策略自适应调整理论研究

1.电能调度的多微网电力系统框架

电能调度的多微网电力系统框架分为两层：上层为全局调控中心，下层是由各区域调控中心分别管控的多个微网。微网内包含的资源有光伏、风机、燃气轮机、储能和负荷等。考虑光伏、风力等可再生能源发电具有随机性、波动性、间歇性等特性以及市电的分时电价，在确保系统安全稳定运行的前提下，协调多个微网间的电能互济及合理管理储能充放电行为将大幅增加可再生能源发电的可调度性，此时每个微网内及多微网之间都展现出较强的供用电调节潜力，可以减少弃光/风率，稳步提高可再生能源发电的渗透率，有效解决可再生能源发电消纳难的问题，同时可以降低对市电的依赖，减少火力发电机组的压力，实现减排。

各区域调控中心采集本区域相关信息，包括光伏、风机在调度周期内的出力曲线，燃气轮机出力功率，储能装置的荷电状态、额定容量和最大充放电功率及负荷预测曲线等，然后上报给全局调控中心。

2.微网执行策略自适应调整分析

微网执行策略包括两种：多微网全局最优控制（全局最优）策略和单微网局部最优控制（局部最优）策略。根据系统上下层信息交互情况和微网内电能调度能力来选定微网内的执行策略。多微网全局最优控制策略执行时，全局调控中心负责多个微网电能的优化调度计算，然后将计算结果下发到对应的区域调控中心去完成设备调控。单微网局部最优控制策略执行时，区域调控中心负责该微网内电能的优化调度计算以及设备调控。

理想状态下，整个配电系统应采用多微网全局最优策略，即关联多个微网内的源网荷储资源进行协调控制，尽量让电能在满足微网内自足的前提下，实现微网间互济，使运行成本最低达到全局最优。但是，当遇到极端天气导致下层微网的区域调控中心无法与上层全局调控中心进行信息交互时，就直接执行单微网局部最优控制策略，以及因为检修导致微网无法关联其他微网参与全局调控或者单微网内电能调度能力足够时，区域调控中心会给上层全局调控中心上报，自动请求脱离多微网全局最优控制策略，去执行单微网局部最优控制策略，即仅调控该微网内资源。

（二）主动配电系统的电能调度流程

基于源网荷储协调的主动配电系统电能调度流程主要包括策略选择模块、功率求解模块和设备调控模块三个模块。模块特性如下：

策略选择模块：用于获取信息交互情况和微网的电能调度能力，并据此选择微网执行策略；功率求解模块：用于运用改进的粒子群优化算法对预设的源网荷储调度模型进行优化求解，得到微网中各分布式单元的最优有功功率和联络线功率（也可以使用其他良好的优化算法替代）；设备调控模块：用于以微网中各分布式单元的最优有功功率和联络线功率为目标来调控设备，完成电能调度。

其中，微网执行策略包括全局最优策略和局部最优策略。策略选择模块可以根据具体情况自适应调整执行策略，保证各微网面对不同的信息交互情况，能自适应地做出合理的响应，增加系统运行的可靠性。同时由功率求解模块运用改进的粒子群算法对模型进行求解，从而使多微网间的电能调度满足微网内自足和微网间互济。最后由设备调控模块在各时段将可调设备设定到上述求解到的最优功率值。

第四节　多元源网荷储的配电网规划方法研究

环境的变化使得电力企业监管体系的创新势在必行。基于多元源网荷储的配电网规划需要建立在源网荷友好交互系统之上，这对当下的我国还是一种陌生事物，缺乏相应的管理制度及运转模式，从而极大地影响了其在电力企业的应用效果。

电力企业在源网荷储模式的协同优化方面面临的问题非常复杂和多元化。源网荷储需要的超高压材料对电网的安全水平和事故预防能力提出了更高的要求，再加上当下新能源及可再生资源的发展，给电网的安全控制及平稳运行带来了极大的挑战。

因此，电力企业需要改进管理制度，做好基于多元源网荷储的配电网规划设计。

一、多元源网荷储的基本功能

（一）源源互补

随着分布式电源的广泛并网，未来电网中的一次能源将呈现出多样性，其空间和时间将具有一定的互补性。同时，随着大规模储能技术和设备的发展与应用，未来配电网中的能源将具有更强的相关性和动态广域互补性。通过主动配电网的源源互补和互动运行，利用主网电能、储能设备、多类型分布式等能源的广域互补性、相关性效应，可以弥补单一分布式可再生能源的随机性、间歇性、波动性等缺点，进而提高配电网供电的可靠性、可再生能源的利用率以及系统的自我调节能力，减少电网备用容量。

（二）源网协调

随着FACTS技术和设备的应用，未来的电网必将是柔性电网，而且大型风电、光伏等可再生能源与分布式能源将大规模接入电网。未来的源网协调主要表现在两个方面：一方面，将大规模接入的间歇性新能源与传统水电、火电甚至核电进行分工协作，联合打捆外送；另一方面，组合应用主动配电网内部丰富的分布式能源，提高配电网的灵活性、经济性，提高配电网的运行效率。

源网协调技术将极大地提高间歇性可再生能源的可调度性、可控制性，提高电网对新能源的消纳能力，提高新能源的友好性。

（三）源网荷储

随着新能源的发展，多元源网荷储可以在峰值储存电能，在电力谷值释放储能，有利于配电网用电量的供给，提高新能源的利用效率。

二、基于多元源网荷储的配电网规划设计

（一）基于线性规划建立优化目标函数

在基于多元源网荷储的配电网规划过程中，应将源网按照运算符划分节点，并将每个节点作为一个线性调度内容进行处理，处理过程如式（6–1）：

$$\max g(x)=k_1x_1+k_2x_2+\cdots+k_nx_n \tag{6–1}$$

式中：$g(x)$——源网标准化控制模式；

k_i（i=1，2，…，n）——项目处理系数；

x_i（i=1，2，…，n）——线性同步处理项目；

n——处理次数。

为了降低源网荷储成本，提高控制效率，使配电网规划更为合理，可选择在线性约束条件下建立优化控制目标函数，计算源网荷储约束的极值，得到的目标函数如式（6–2）：

$$\min\sum C_1(P_{en,i})=\sum C_1(P_{DG,L})+\sum C_k(P_{B,H}) \tag{6–2}$$

式中：$P_{en,i}$——线性规划中第i条线路的源网荷载；

$P_{DG,L}$——线路总能耗下的网络能源成本控制的源网荷载；

$P_{B,H}$——源网代理功率下的优化控制目标；

C_k——项目处理下的线性规划；

C_1——项目处理下的线性规划源网荷储约束规划；

DG——网络线路中可再生能源的成本；

e——源网荷载；

n——线性规划下的约束条件；

B——源网代理功率；

L——线路总能耗；

H——优化控制目标。

根据式（6–2），可以选择源网控制最小目标。在选定线性控制目标的基础上，划分在线性约束下的源网荷载能源分布层次。源网荷载能源分布最顶层为协调控制的起始端，应将优化控制的目标直接与荷储控制建立联系，并将其完全置于与内置ARM的源网线性关系中。为此，选择一个源网控制节点作为自变量，建立多元线性回归方程检索源网顶层的优化控制目标，函数表达式如式（6–3）：

$$n_i = \alpha + \beta m_i + \varepsilon_i \tag{6–3}$$

式中：n_i——源网储存能源在某一节点的使用量；

m_i——使用量的平均值；

α和β——分别为荷载控制与荷载优化系数；

ε_i——在线性回归方程中无法直接控制的荷储能源量。

根据式（6–3），将控制目标近似看作一个整体，可以达成选择源网荷储优化控制目标的目的。

（二）多空间源网荷储约束

结合基于线性规划的源网荷储优化控制方法，根据源网的不同层荷储量划分源网优化控制空间。考虑到不同空间内源网的正消耗量，需要计算负载状态下的源网荷储在传输功率过程的能源消耗，计算公式如式（6–4）：

$$P'_{F,r} = P_{F,r} + P_{loss,r} \tag{6–4}$$

式中：$P'_{F,r}$——负载状态下的源网荷储在传输功率过程的能源消耗量；

$P_{F,r}$——正常环境中的源网荷储量的能源消耗量；

$P_{loss,r}$——能源传输线路上的荷储负载量；

F——在正常环境中的源网荷储量；

r——荷储负载情况；

$loss$——能源传输线路。

在能源传输过程中，损耗的能源量通常在5%～9%。为此，在明确回归方程控制变量的情况下，将控制变量设置为优化目标，根据源网荷储空间使用量的历史数据统计相关资料，并以此为依据，明确源网在不同状态下的源网荷储优化控制条件。

为了获得源网的等边优化约束条件，采用控制约束边界成本的方式引入自适应扩散算法，对迭代产生的节点数据进行二次更新，并估算全局的约束成本，进而在实现主动源网荷储间协调运行的基础上，对扩散边界源网实施有效约束。

（三）目标函数求解

在源网荷储运行中，求解目标函数，得到式（6–5）：

$$q_i = \lambda_i P_{en,i} + \delta_i \tag{6–5}$$

式中：q_i——源网荷储优化控制边界；

λ_i——控制上限元素集合；

δ_i——控制下限元素集合。

结合线性约束条件选择控制路径，建立路径与目标的映射联系，及时矫正在优化控制中出现偏差的路径，依照环境对优化控制提出的要求，提升优化控制过程的稳定性，实现基于多元源网荷储的配电网规划设计。

采用控制协调面板的方式控制源网荷储面板中的能源输送功率，根据控制功率的大小进行优化增量值的计算，计算公式如式（6–6）：

$$\Delta P = P_{T0} - P_T \tag{6–6}$$

式中：ΔP——功率增量；

P_{T0}——能源稳定存储目标的计划控制功率；

P_T——实际输出功率。

根据式（6-6），可分析荷储优化控制偏差值。结合线性约束条件选择控制路径，建立路径与目标的映射联系，及时矫正在优化控制中出现偏差的路径，依照环境对优化控制提出的要求，提升优化控制过程的稳定性，实现基于多元源网荷储的配电网规划设计。

三、设计方法有效性的验证实验

（一）实验方法

为了验证基于多元源网荷储的配电网规划设计方法的有效性，将其与传统的规划方法的源网荷储的调速耗能情况进行比较，设计了如下对比实验。

选择某新能源变电站和某条出线配电线路为实验对象，并按照实验需求布设风力电厂和大型消耗燃气的电动轮机，将实验需求设备接入源网控制节点。选择源网交换电站为此次实验的充换电必须场所，并接入源网馈线节点。

在控制源网荷储的过程中，源网运行需满足下述要求：

1.负荷要求

源网运行可承受的最高负荷值为108MW，其中，10kV以下的供应设备可承受的最高负荷值为98MW。

2.峰谷时段划分

最高峰时间段为5:00—21:00，此时控制成本为0.455元/（kW·h）；低谷时间段为21:00—次日5:00，此时控制成本为0.205元/（kW·h）。

3.各级单元能源补偿与供应量

为了确保此次实验结果的准确性，可选择8块太阳能源网能源供应板。

（二）实验结果

根据设备参数，完成实验流程，采用基于多元源网荷储的配电网规划方法，选择控制的配电网线路与控制目标对源网荷储进行控制，计算控制目标的日消耗功率，并以此作为评估方法有效性的主要依据。之后，应用传统方法进行相同步骤的操作，获取两种优化控制方法的日消耗功率数据，并整理实验数据将其绘制成曲线图。基于多元源网荷储优化后的控制方法在实际应用中消耗的功率明显低于传统方法与实时优化控制所消耗的功率，无论是实时优化控制方法还是传统优化控制方法，均无法实现基于多元源网荷储的配电网规划优化控制方法的低耗能量。

基于多元源网荷储的配电网规划方法在应用中耗能更低，具有更高的实用性，更能满足低能耗的市场需求。在基于多元源网荷储的配电网规划中采用合理的设计方法，可以有效节约降耗。

第五节　“双碳”背景下电力源网荷储一体化和多能互补项目开发模式分析

过去，电网系统调控主要采取“源随荷动”的模式，当用电负荷突然增高时，一旦电源侧发电能力不足，就会出现供需不平衡以致严重影响电网的安全运行。随着构建新型电力系统步伐加快，以风电、光伏为代表的新能源在能源系统结构中比重不断提升，但其波动性、间歇性和随机性特点也给电网安全稳定运行带来挑战。源网荷储一体化是以“电源、电网、负荷、储能”为整体规划的新型电力运行模式，可精准控制社会电力负荷和储能资源，有效解决电力系统因新能源发电量占比提高而造成的系统波动，提高新能源发电量消纳能力，提高电网安全运行水平。

国家发展改革委和国家能源局于2021年3月联合发布了指导意见，对源网荷储一体化和多能互补项目的开发建设提出了具体的思路方法。

一、电力源网荷储一体化与多能互补的内容及意义

“源网荷储一体化”是一种可实现能源资源最大化利用的运行模式和技术，通过源源互补、源网协调、网荷互动、网储互动和源荷互动等多种交互形式，从而更经济、高效和安全地提高电力系统功率动态平衡能力，是构建新型电力系统的重要发展路径。

多能互补是按照不同资源条件和用能对象，采取多种能源互相补充，以缓解能源供需矛盾，合理保护和利用自然资源，同时获得较好的环境效益的用能

方式。多能互补有多种组合形式，目前常见的商业化应用形式有“风光储一体化”“风光水（储）一体化”“风光火（储）一体化”等。

源网荷储一体化和多能互补发展是电力行业坚持系统观念的内在要求，是实现电力系统高质量发展的客观需要，是提升可再生能源开发消纳水平和非化石能源消费比重的必然选择，对促进我国能源转型和经济社会发展具有重要意义：

（一）有利于提升电力发展质量和效益

强化源网荷储各环节间协调互动，充分挖掘系统灵活性调节能力和需求侧资源，有利于各类资源的协调开发和科学配置，提升系统运行效率和电源开发综合效益，构建多元供能智慧保障体系。

（二）有利于全面推进生态文明建设

优先利用清洁能源资源、充分发挥常规电站调节性能、适度配置储能设施、调动需求侧响应积极性，有利于加快能源转型，促进能源领域与生态环境协调可持续发展。

（三）有利于促进区域协调发展

发挥跨区源网荷储协调互济作用，扩大电力资源配置规模，有利于推进西部大开发形成新格局，改善东部地区环境质量，提升可再生能源电量消费比重。

二、源网荷储一体化与多能互补实施路径

（一）实施源网荷储一体化的措施

根据指导意见，各级行政区域实施源网荷储一体化的措施如下：

1.区域（省）级源网荷储一体化

依托区域（省）级电力辅助服务、中长期和现货市场等体系建设，公平无歧视地引入电源侧、负荷侧、独立电储能等市场主体，全面放开市场化交易，通过价格信号引导各类市场主体灵活调节、多向互动，推动建立市场化交易用户参与承担辅助服务的市场交易机制，培育用户负荷管理能力，提高用户侧调峰积极性。依托5G等现代信息通信及智能化技术，加强全网统一调度，研究建立源网

荷储灵活、高效、互动的电力运行与市场体系，充分发挥区域电网的调节作用，落实电源、电力用户、储能、虚拟电厂参与市场机制。

2.市（县）级源网荷储一体化

在重点城市开展源网荷储一体化坚强局部电网建设，梳理城市重要负荷，研究局部电网结构加强方案，提出保障电源以及自备应急电源配置方案。结合清洁取暖和清洁能源消纳工作开展市（县）级源网荷储一体化示范，研究热电联产机组、新能源电站、灵活运行电热负荷一体化运营方案。

3.园区（居民区）级源网荷储一体化

以现代信息通信、大数据、人工智能、储能等新技术为依托，运用"互联网+"新模式，调动负荷侧调节响应能力。在城市商业区、综合体、居民区，依托光伏发电、并网型微电网和充电基础设施等，开展分布式发电与电动汽车（用户储能）灵活充放电相结合的园区（居民区）级源网荷储一体化建设。在工业负荷大、新能源条件好的地区，支持分布式电源开发建设和就近接入消纳，结合增量配电网等工作，开展源网荷储一体化绿色供电园区建设。研究源网荷储综合优化配置方案，提高系统平衡能力。

（二）各类多能互补项目的具体开发要求

根据指导意见，各类多能互补项目的具体开发要求如下：

1.风光储一体化

对于存量新能源项目，结合新能源特性、受端系统消纳空间，研究论证增加储能设施的必要性和可行性。对于增量风光储一体化，优化配套储能规模，充分发挥配套储能调峰、调频作用，最小化风光储综合发电成本，提升综合竞争力。

2.风光水（储）一体化

对于存量水电项目，结合送端水电出力特性、新能源特性、受端系统消纳空间，研究论证优先利用水电调节性能消纳近区风光电力、因地制宜地增加储能设施的必要性和可行性，鼓励通过龙头电站建设优化出力特性，实现就近打捆。对于增量风光水（储）一体化，按照国家及地方相关环保政策、生态红线、水资源利用政策要求，严控中小水电建设规模，以大中型水电为基础，统筹汇集送端新能源电力，优化配套储能规模。

3.风光火（储）一体化

对于存量煤电项目，优先通过灵活性改造提升调节能力，结合送端近区新能源开发条件和出力特性、受端系统消纳空间，努力扩大就近打捆新能源电力规模。对于增量基地化开发外送项目，基于电网输送能力，合理发挥新能源地域互补优势，优先汇集近区新能源电力，优化配套储能规模。在不影响电力（热力）供应前提下，充分利用近区现役及已纳入国家电力发展规划煤电项目，严控新增煤电需求；外送输电通道可再生能源电量比例原则上不低于50%，优先规划建设比例更高的通道；落实国家及地方相关环保政策、生态红线、水资源利用等政策要求，按规定取得规划环评和规划水资源论证审查意见。对于增量就地开发消纳项目，在充分评估当地资源条件和消纳能力的基础上，优先利用新能源电力。

第六节　互联网发展下的电力源网荷储一体化项目建设研究

随着新能源的大力发展，需要促进清洁能源的规模化发展，优化能源结构，推动电力部门的改革。电力供电企业与电力建设企业之间要协调发展清洁能源，通过企业的共同发展，打通各个区域之间的输电线路通道，解决市场存在的问题，促进清洁能源的发展。随着互联网的发展，其在新能源建设中的应用也越来越多。发挥互联网的作用，利用源网络配置平台，鼓励能源市场部门参与交互式的资源分配，加大电力源网荷储一体化项目建设，才是解决新能源发展受阻的关键。电力源网荷储一体化项目建设中，交互管理至关重要，通过采用现代信息通信技术、人工智能技术、大数据技术、互联网技术、储能技术等，运用“互联网+”的新模式，充分提高负荷侧调节响应能力，实现互联网式的双向交互、平等共享及服务增值。

一、互联网发展下的电力源网荷储一体化项目的建设必要性

（一）应对新挑战的必然要求

电力企业在一体化项目建设方面所面临的问题更加复杂和多元化。其本身的超高压材料就对电网安全水平和事故预防能力提出了更高要求，再加上当下新能源及可再生资源的发展，给电网的安全控制及平稳运行带来了极大的挑战。新时代，电动车的发展在一定程度上对电网的交互服务及协调能力提出了新的挑战。互联网的快速发展对电力源网荷储一体化建设项目之间的信息传递也提出了更高的要求。在大环境及小环境的变化下，电力企业的监管体系的创新与改革势在必行，电力企业必须跟上时代的发展步伐。

（二）电力系统发展的必然要求

在电力源网荷储一体化项目建设中，建立在互联网技术基础上的源网荷储友好交互系统仍是一种新型的系统调控模式，在国内的应用不多，缺乏相应的管理制度及运转模式，这也极大地影响了其在电力企业的应用效果。企业迫切需要改进相应的管理制度，在互联网大力发展的基础上，需要深入研究互联网发展下的电力源网荷储一体化项目建设中存在的问题，以便更好地推动电力系统的发展。

二、互联网发展下的电力源网荷储一体化项目的建设措施

（一）构建大规模源网荷储互动管控平台系统

源网荷储的交互式管理需要有相关程序的支持，重点在于创建一个交互式的互联网平台，通过这个平台进行源网荷储的综合性管理，其特征主要表现为“互联网+清洁能源”。该大规模源网荷储互动管控平台系统需要通过“互联网+”的新模式，合理规划供需互动的关系，确保平台系统运行的可靠性和稳定性。

1.大规模供需互动系统

通过“互联网+”技术将各种分布式能源、电动汽车、生产和居民用电户及储能装置联系在一起，利用大规模供需互动系统中的货物管理终端管理模块来分配负载源，从而提高系统运行的安全性。特别是发生漏电或各种事故时，能够通过该系统进行紧急监控。

2.信息通信系统

集成大数据和云计算等现代信息技术来创建信息通信系统、集成数据和数据源，并在电源、网络和多个用户域上分发，通过互联网进行数据平台的衔接，及时了解电源及各个系统的运行状况，方便更改功率点及有关负载点的相关信息。

（二）构建源网荷储网络负载交互和网络存储交互

在构建交互式管理和控制平台的基础上，构建源网荷储网络负载交互和网络存储交互。

1.源随荷动

随着电力系统中资源分配和平衡策略的应用，提高传统发电机组响应的能力，以适应动态负载变化。

2.源网互动

通过源网互动加强电源与电力市场之间的相互作用；通过应用微动开关、交直流输电技术等措施，减少新的电涌对电力稳定性的影响；通过调节电源、储能规模、变压器的数量等手段调整电力市场的需求量。

3.网荷互动

在与用户签订协议、采取激励措施的基础上，将负载转化为电网的可调节资源，并根据电网故障处置和资源平衡的要求进行准确、灵活和实时的控制。在实践中，按照“谁参与，谁受益”的原则，运用双边协议等其他经济手段积极管理大量负荷源和参与源。

例如，国网江苏电力有限公司开发应用了有序用电智能决策系统等多个平台，并且通过日前、日内、实时和紧急等多种控制策略，实现了对各种负载的灵活管理。网荷互动中，互联网发挥了重要作用，通过互联网技术可以实现实时控制功能，并为改善供需匹配精准度和提高客户参与体验感提供了强大的支持。

4.网储互动

网储互动完全再现了节能装置的双向调节功能。节能装置可以在用电低谷时作为负荷充电，在用电高峰时作为电源输出电能。快速、强大和准确的充放电控制功能可以为电网提供峰值调节等各种服务，如调频、预订和反馈等。在实践中，可以通过加快推广和应用电化学等储能装置，充分发挥其“峰值充电”和“低谷填充”的功能，平滑负荷曲线，提升电网供电能力和瞬时平衡能力。

（三）建立多方共赢激励机制

1.建立需求侧响应激励机制

积极鼓励用户侧负荷管理从行政化转化为市场化，通过经济手段和专项资金调整负荷需求。专项资金专款专用，全部用来补贴实时需求响应的用户，有效转移最大能耗的负荷，保证电网安全性并改善电网质量。通过接入分布式电源和分布式储能装置，利用互联网技术进行信息传递，从而构建更完善的需求侧响应激励机制。

2.建立可中断负荷共享有偿机制

建立源网荷储辅助服务市场，在与客户协商基础上创建公平公正的合同担保系统，将空调、照明等生产性负荷和一些不影响系统安全性的非生产性负荷接入系统，精准控制负荷的规划、部署、注册登记、征用计划等全流程，以确保网荷互动的有效性。展望未来，有必要更加积极地利用电网的主要作用和平台的优势，将生产侧和消费侧结合起来，并积极促进源网荷储“四位一体”的协同互动。同时，应鼓励政府出台源网荷储支持性政策，不断提高电源和负荷参与互动的积极性，更好地促进清洁能源的消纳，共同为绿色能源转型提供服务，推动能源生产消费的革命。

三、互联网发展下电力源网荷储一体化项目的发展思路

（一）加强组织和领导

充分发挥国家能源机构的组织和协调作用，通过制订相应的国家和地方能源发展计划，按照“先试点，后推广”的原则，设计各地的能源发展架构，并优先考虑将新能源开发纳入国家发展。由能源部的领导承担主要责任，接管地方能源部门的领导，并组织分类、研究和演示、评估和分析、准备和演示。制订实施计划，认真执行国家能源、电力规划，减少化石能源的使用，并进一步扩大电力供需与可再生能源消耗之间的差异。

（二）建立协调机制

在规划层面，各投资机构积极提供规划建议，协调前期工作，实现规划整合；在建设层面，协调不同能源项目，以确保各个项目同时进行和同时运营，并

促进建设一体化；在活动层面，能源局指示各机构建立管理协调机制，宣传能源多样化的意义，并促进项目运营规则和管理标准的整合。

（三）加强监督和管理

国家能源局应在活动期间和活动结束后指导监督机构检查相关项目，并向监督部门提供有针对性的反馈意见。国家能源局和其他相关执法部门应该对电力源网荷储一体化项目建设过程进行监督和管理，并且提出指导方针，对于发现的问题要及时督促有关部门解决。

（四）建立安全管理机制

为了保护互联网发展下电力源网荷储一体化项目建设的安全性，需要构建相关的安全管理机制。为电力源网荷储一体化项目建设中的电源连接、负载、储能等构建相关的安全机制，加强设计、施工、运营维护过程中的安全管理。

（五）促进互联网技术的发展

互联网在电力源网荷储一体化项目建设中发挥了至关重要的作用，在源网荷储中的数据连接、数据传输和数据共享等方面发挥了重要作用。只有确保互联网技术的进一步发展，才能推动电力源网荷储一体化项目的发展。

参考文献

[1]岳涵，王艳辉，赵明.电力系统工程与智能电网技术[M].北京：中国原子能出版传媒有限公司，2021.

[2]国际大电网委员会技术委员会.未来电力系统[M].舒印彪，贾涛，李刚，译.北京：中国电力出版社，2022.

[3]朱英杰，张志艳.电网系统专业实用计算[M].北京：北京航空航天大学出版社，2021.

[4]佐藤拓郎，卡门，段斌.智能电网标准：规范、需求与技术[M].周振宇，许晨，伍军，译.北京：机械工业出版社，2020.

[5]凯伊哈尼.智能电网可再生能源系统设计[M].2版.北京：机械工业出版社，2020.

[6]万炳才，龚泉，鲁飞，等.电网工程智慧建造理论技术及应用[M].南京：东南大学出版社，2021.

[7]汤奕，王玉荣.智能电网优化理论与应用[M].南京：东南大学出版社，2022.

[8]杨太华.新能源项目安全成本形成机理及优化方法[M].南京：东南大学出版社，2022.

[9]郝利.新能源项目开发建设与投资并购法律实务[M].北京：中国计划出版社，2020.

[10]王世明，曹宇.海上风力发电技术[M].上海：上海科学技术出版社，2020.

[11]马宏伟.风力发电系统控制原理[M].北京：机械工业出版社，2020.

[12]陈铁华.风力发电技术[M].北京：机械工业出版社，2021.

[13]刘震卿.风力发电中的计算风工程[M].武汉：华中科技大学出版社，2020.

[14]侯雪，张润华.风力发电技术[M].2版.北京：机械工业出版社，2022.

[15]中国电机工程学会.新型电力系统导论[M].北京：中国科学技术出版社，2022.

[16]方雨辰.构建新型电力系统的思考和探索[M].北京：科学技术文献出版社，2022.

[17]周勤勇，何泽家.双碳目标下新型电力系统技术与实践[M].北京：机械工业出版社，2022.

[18]中国建筑节能协会光储直柔专业委员会.携手零碳：建筑节能与新型电力系统[M].北京：中国建筑工业出版社，2022.